校企合作双元开发新形态教材

高等职业院校专业能力建设项目——机电类专业技能型人才培养实用教材

机电设备维修技术

（第 2 版）

主 编　王瑞雪　陈 华　王 宁
副主编　余 衡　戴元梦　徐建强

西南交通大学出版社
·成 都·

图书在版编目（CIP）数据

机电设备维修技术 / 王瑞雪，陈华，王宁主编.
2 版. -- 成都：西南交通大学出版社，2024. 11.
（校企合作双元开发新形态教材）（高等职业院校专业能
力建设项目：机电类专业技能型人才培养实用教材）.
ISBN 978-7-5774-0190-4
Ⅰ．TM07
中国国家版本馆 CIP 数据核字第 2024786F46 号

校企合作双元开发新形态教材
高等职业院校专业能力建设项目——机电类专业技能型人才培养实用教材

Jidian Shebei Weixiu Jishu （Di-er Ban）

机电设备维修技术（第 2 版）

主　编 / 王瑞雪　陈　华　王　宁

策划编辑 / 罗在伟
责任编辑 / 罗在伟
责任校对 / 左凌涛
封面设计 / 何东琳设计工作室

西南交通大学出版社出版发行
（四川省成都市金牛区二环路北一段 111 号西南交通大学创新大厦 21 楼　610031）
营销部电话：028-87600564　　028-87600533
网址：https://www.xnjdcbs.com
印刷：四川森林印务有限责任公司

成品尺寸　185 mm×260 mm
印张　15.5　　字数　389 千
版次　2019 年 8 月第 1 版　　2024 年 11 月第 2 版
印次　2024 年 11 月第 4 次

书号　ISBN 978-7-5774-0190-4
定价　48.00 元

前　言

Preface

　　党的二十大报告指出，建设现代化产业体系，坚持把发展经济的着力点放在实体经济上，推进新型工业化，加快建设制造强国、质量强国、航天强国、交通强国、网络强国、数字中国。实施产业基础再造工程和重大技术装备攻关工程，支持专精特新企业发展，推动制造业高端化、智能化、绿色化发展。随着我国社会主义市场经济的不断深化发展，工业生产对机电设备的依赖程度日益增强。机电设备不仅在工业产品的生产率、质量、成本、安全和环保等方面发挥着决定性作用，而且其性能状态也直接反映了企业的维修技术水平和管理水平。因此，机电设备维修在现代化产业体系中具有举足轻重的地位。

　　本书在第一版的基础上进行了全面修订，引入新标准、新工艺、新知识。秉承培养高素质技能型人才的宗旨，以满足职业岗位对专业知识的需求为导向，落实"立德树人"根本任务，以"必需、够用、实用"为原则设计和组织内容，充分融入了高等职业技术大学的教育特色，突出了应用型知识的学习和技术能力的培养。本教材以实际工业生产中的机电设备维修项目为引领，通过具体的任务实施，让学生在解决实际问题的过程中学习和掌握维修技能。

　　本教材以普通机床和数控机床为载体，以"项目引领、任务驱动"为架构、以满足机电一体化技术技能型人才为需求，按新形态教材理念进行编写，并配备一定的数字化教学资源。全书共6个项目，系统地介绍了机电设备的故障分析诊断和维修技术、常用机床电气控制线路维修、电气控制电路的设计、仿真与调试、980TDc数控车床电路分析与故障维修，变频器故障诊断与维修，以及设备管理等方面的知识。每个项目都设计了具体的维修任务，学生通过完成这些任务，逐步构建起机电设备维修的系统知识。本书由校企合作双元开发，集新形态、信息化教学于一体，教学内容和现场实际工作紧密结合，并融入课程思政元素，具有内容新、实用性强的特点。

本书由重庆机电职业技术大学王瑞雪、陈华、王宁担任主编，重庆机电职业技术大学余衡、戴元梦、中国长安汽车集团股份有限公司重庆青山变速器分公司徐建强担任副主编。中国长安汽车集团股份有限公司重庆青山变速器分公司徐建强等企业专家提供的企业真实案例，对本书的编写起到了很大的帮助，在此表示诚挚的感谢！

本书可以作为高等职业技术教育机电一体化专业的教材，也可以作为电气自动化专业、智能制造工程技术专业电气维修技术的教材，并可供从事机电设备维修的工程技术人员参考。

鉴于编者水平有限，书中难免存在疏漏与不妥之处，敬请广大读者批评指正。

编　者

《机电设备维修技术》
（第2版）教案

《机电设备维修技术》
（第2版）课件

目 录

Contents

项目 1

故障分析诊断和修复技术

随着现代工业和现代制造技术的发展，制造系统的自动化、集成化程度越来越高。在这样的生产环境下，一旦某台设备产生了故障而又未能及时发现和排除，就可能会造成整台设备停转，甚至造成整个流水线、整个车间停产，从而带来巨大的经济损失。因此，研究设备故障、设备实时状态检测与提高故障诊断技术越来越受到人们的重视，同时对经济效益和社会效益的提高也是十分有益的。开展设备故障分析和诊断能够预防生产事故，保障人身和设备的安全，同时能够推动设备维修制度的改革与完善，使设备维修制度由定期维修向动态化的状态维修的转化，促进状态监测与故障诊断技术的不断发展和成熟完善。

学习目标

知识目标	能力目标	素质目标
1. 掌握机电设备故障诊断和维修的基本概念； 2. 掌握机电设备故障诊断方法； 3. 掌握机电设备修理前的准备工作，预检，修理方案，大修技术文件等； 4. 掌握零件的修复工艺。	1. 具有根据设备损坏情况制订修理方案的能力，达到维修质量高、费用低、维修时间短的目的； 2. 具有拟定维修工艺规程的技能、能合理选择修复技术。	1. 具有信息查询、资料收集整理的能力； 2. 具有良好的专业表达能力和沟通能力。

任务 1.1

故障分析

 任务描述

机电设备涉及电子技术、机械技术和计算机技术等多学科。根据机电设备多学科的复杂性特点，机电设备故障诊断技术旨在通过查明故障模式，追寻故障机理，来探求减少故障发生的方法，提高设备可靠程度和有效利用率。

980TDc 数控车床是典型的机电一体化设备。通过该数控车床的 Z 轴纵向进给系统故障分析，在明确机电设备故障的概念、类型及常用诊断方法的基础上对该机床进行故障诊断及操作实施。

相关知识

视频：故障分析

1.1.1 故障的定义

通常人们将故障定义为：设备（系统）或零部件丧失了规定功能的状态。从系统的观点来看，故障包含两层含义：一是机械系统偏离正常功能，其形成的主要原因是机械系统（含零部件）的工作条件不正常引起的，这类故障通过参数调节或零部件修复即可消除，系统随之恢复正常功能。二是功能失效，此时系统连续偏离正常功能，并且偏离程度不断加剧，使机械设备基本功能不能保证，这种情况称之为失效。一般零件失效可以更换，关键零件失效，则往往导致整机功能的丧失。

在对故障进行研究时，要注意明确以下几个问题：

（1）故障状况随规定对象的变化而不同规定对象是指一台单机或某些单机组成的系统或机械设备上的某个零部件。不同的对象在同一时间将有不同的故障状况，例如，在一条自动化生产线上，某单机的故障造成整条自动线系统功能丧失时，表现出的故障状态是自动线故障，但在机群式布局的车间里，就不能认为某单机的故障是全车间的故障。

（2）故障状况是针对规定功能而言的例如，同一状态的车床，进给丝杠的损坏对加工螺纹而言是发生了故障，但对加工端面来说却不算发生故障，因为这两种加工所需车床的功能项目不同。

（3）故障状况应达到一定的程度，即应从定量的角度来评估功能丧失的严重性。

1.1.2 故障的分类

机电设备故障可以从不同角度进行分类，不同的分类方法反映了故障的不同侧面。对故障进行分类是为了评估故障事件的影响程度，分析故障产生的原因，以便更好地针对不同的故障形式采取相应的处理措施。从故障性质，引发原因、特点等不同角度出发，可将故障分类如下：

1. 按故障性质分

（1）间歇性故障设备只是在短期内丧失某些功能，故障大部分由机电设备外部原因如工人误操作、气候变化、环境设施不良等因素引起，在外部干扰消失后对设备稍加修理调试后，功能即可恢复。

（2）永久性故障此类故障出现后必须经人工修理才能恢复功能，否则故障一直存在。这类故障一般是由某些零部件损坏引起的。

2. 按故障程度分

（1）局部性故障机电设备的某一部分存在故障，使这一部分功能不能实现而其他部分功能仍可实现，即局部功能失效。

（2）整体性故障整体功能失效的故障，虽然也可能是设备某一部分出现故障，但却使设备整体功能不能实现。

3. 按故障形成速度分

（1）突发性故障故障发生具有偶然性和突发性，一般与设备使用时间无关，故障发生前无明显征兆，通过早期试验或测试很难预测。此种故障一般是工艺系统本身的不利因素与偶然的外界影响因素共同作用的结果。

（2）缓变性故障故障发展缓慢，一般在机电设备有效寿命的后期出现，其发生概率与使用时间有关，能够通过早期试验或测试进行预测。通常是因零部件的腐蚀、磨损、疲劳以及老化等发展形成的。

4. 按故障形成的原因分

（1）操作或管理失误形成的故障如机电设备未按原设计规定条件使用，造成设备错用等。

（2）机器内在原因形成的故障一般是由机器设计、制造时遗留下的缺陷（如残余应力、局部薄弱环节等）或材料内部潜在的缺陷造成的，且无法预测，是产生突发性故障的重要原因。

（3）自然故障机电设备在使用和保质期内，因受到外部或内部多种自然因素影响而引起的故障，如正常情况下的磨损、断裂、腐蚀、变形、蠕变、老化等损坏形式都属自然故障。

5. 按故障造成的后果分

（1）致命故障危及或导致人员伤亡、引起机电设备报废或造成重大经济损失的故障。如机架或机体断离、车轮脱落、发动机总成报废等。

（2）严重故障是指严重影响机电设备正常使用，在较短的有效时间内无法排除的故障。例如发动机烧瓦、曲轴断裂、箱体裂纹、齿轮损坏等。

（3）一般故障影响机电设备的正常使用，但在较短的时间内可以排除的故障。例如，传动带断裂、操纵手柄损坏、钣金件开裂或开焊、电器开关损坏、轻微渗漏和一般紧固件松动等。

此外，故障还可按其表现形式分为功能故障和潜在故障；按故障形成的时间分为早期故障、随时间变化的故障和随机故障；按故障程度和故障形成快慢分为破坏性故障和渐衰失效性故障等。

1.1.3　设备故障发生的一般规律

通过大量使用和试验数据获知，大多数设备的故障率是时间的函数，如图 1-1 所示，设备的故障率曲线为两头高、中间低，图形有点像浴盆，故又称作浴盆曲线。

由图 1-1 可以看出，设备的故障率随时间的变化，大致可以划分为三个阶段，即早期故障期、偶然故障期和耗损故障期。

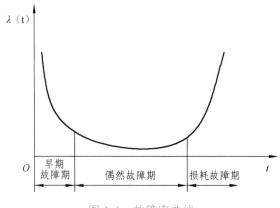

图 1-1　故障率曲线

1. 早期故障期

早期故障期出现在设备开始工作的较早时间，它的特点是故障率较高，且故障率随时间增加而迅速下降。故障的产生往往是设计、制造的缺陷或质量不佳引起的。对于刚修理过的设备来说，装配不当是发生故障的主要原因。对新出厂的或修理过的设备，可以在出厂前或投入使用初期的较短一段时间内进行磨合或调试，以便减少或排除这类故障，使设备进入偶然故障期。一般认为早期故障不是使用中总故障的一个重要部分。

2. 偶然故障期

偶然故障期是指设备在早期故障期之后、耗损故障期之前的这一时期。这是设备最良好的工作阶段，也称作有效寿命期。它的特点是故障率低而稳定，近似为常数。这一阶段的故障是随机的，与机器新旧无关。突发故障是由偶然因素，如材料缺陷、操作不当以及环境等造成的。偶然故障不能通过延长磨合期来消除，也不能由定期更换故障件来预防，一般来说，再好的维修工作也不能消除偶然故障。偶然故障什么时候发生也是无法预测的。但是，人们希望在有效寿命期内故障率尽可能低，并且持续的时间尽可能长。因此，提高使用管理水平，适时维修以减少故障率，延长设备使用寿命是十分必要的。

3. 耗损故障期

设备使用后期，故障率随时间的增加而明显增加。这是由设备长期使用，产生磨损、疲劳、腐蚀、老化等因素造成的。防止耗损故障的唯一办法就是在设备进入耗损期前后及时进行维修。这样可以把上升的故障率降下来。如果设备故障太多，维修费用太高且不经济，则只好报废。可见，准确掌握设备何时进入耗损故障期，对维修工作具有重要意义。

并不是所有设备都有这三个故障阶段，有的设备只有其中一个或两个故障期，甚至有些质量低劣的设备在早期故障后就进入了耗损故障期。

由于机件的工作条件和材质不同，其实际故障产生的规律不尽相同。即使符合典型故障率曲线，但其故障率曲线的长短也不一样，这一点需要维修人员认真探索、研究解决。

故障率曲线说明了设备的故障规律，按故障率随时间变化的关系曲线，可以归纳出故障的三种类型：递减型、恒定型和递增型。

 ## 任务实施

| 任务名称： | 980TDc 数控车床 X 轴故障初步分析 |

980TDc 是机电设备维修实训室的实训数控车床，主要用于轴类、盘类零件的精加工和半精加工。980TDc 数控车床采用模块化设计，可根据用户不同的需求，配备不同的装置及附件。它的结构特点是：①X、Z 轴伺服半闭环控制；②主轴可实现无级调速和恒速切削；③四方位刀架。

1. 现场查看

980TDc 数控车床运行过程中，Z 轴纵向进给正常，X 轴不能横向进给，无其他异常情况。

2. 现场故障初步分析

X 轴的运动是设备的主要运动，X 轴的故障是设备的整体性故障，需要尽快修复故障，保障设备正常工作。

故障诊断

 任务描述

检查 X 轴系统，通过故障诊断技术，查清故障原因。

机电设备出现故障后某些特性改变，会造成能量、力、热及摩擦等各种物理和化学参数的变化，产生各种不同的信息。捕捉这些变化，可判断故障发生的部位、性质、大小，分析原因和异常情况，可对故障做出决策，消除故障，还可预测未来，防止事故的发生。

相关知识

1.2.1 机械设备的状态监测与故障诊断

机械设备的状态监测与故障诊断是指利用现代科学技术和仪器，根据机械设备外部信息参数的变化来判断机器内部的工作状态或机械结构的损伤状况，确定故障的性质、程度、类别和部位，预测其发展趋势，并研究故障产生的机理。

状态监测与故障诊断技术是近年来国内外发展较快的一门新兴学科，它所包含的内容比较广泛，例如机械状态量（力、位移、振动、噪声、温度、压力和流量等）的监测，状态特征参数变化的辨识，机械产生振动和损伤时的原因分析、振源判断、故障预防，机械零部件使用期间的可靠性分析和剩余寿命估计等，都属于机械故障诊断的范畴。

机械设备状态监测与故障诊断技术是保障设备安全运行的基本措施之一，其实质是了解和掌握设备在运行过程中的状态，预测设备的可靠性，确定其整体或局部是正常还是异常。它能对设备故障的发展做出早期预报，对出现故障的原因、部位、危险程度等进行识别和评价，预报故障的发展趋势，迅速地查找故障源，提出对策建议，并针对具体情况迅速地排除故障，避免或减少事故的发生。

1. 设备诊断技术的目的

从设备诊断技术的起源与发展来看，设备诊断技术的目的应是"保证可靠地、高效地发挥设备应有的功能"，这包括以下三方面的内容：

（1）保证设备无故障，工作可靠；

（2）保证物尽其用，设备要发挥其最大的效益；

（3）保证设备在将有故障或已有故障时，能及时诊断出来，正确地加以维修，以减少维修时间，提高维修质量，节约维修费用，应使重要的设备能按其状态进行维修，即视情维修或预知维修，促进目前按时维修机制的改革与完善。

应该指出，设备诊断技术应为设备维修服务，可视为设备维修技术的内容，但它绝不仅限于为设备维修服务，正如前两点所述，它还应保证设备能处于最佳的运行状态，这意味着它还应为设备的设计、制造与运行服务。例如，它应能保证动力设备具有良好的抗振、消振、减振能力，具有良好的动力输出能力等。还应指出，故障是指设备丧失其规定的功能。显然，故障不等于失效，更不等于损坏，失效与损坏是严重的故障。设备诊断技术最根本的任务是通过测取设备的信息来识别设备的状态，因为只有识别了设备的有关状态，才有可能达到设备诊断的目的。

概括起来，设备的诊断，一是防患于未然，早期诊断；二是诊断故障，采取措施。

2. 设备诊断技术的内容

具体讲，设备诊断技术应包括以下五方面内容：

（1）正确选择与测取设备有关状态的特征信号。显然，所测取的信号应该包含设备有关状态的信息。

（2）正确地从特征信号中提取设备有关状态的有用信息。一般来讲，从特征信号来直接判明设备状态的有关情况，判断故障的有无是比较难的，还需要根据相关机械理论、信号分析理论、控制理论等提供的理论与方法，加上试验研究，对特征信号加以处理，提取有用的信息，才有可能判明设备的有关状态。

（3）根据征兆正确地进行设备的状态诊断。一般来讲，还不能直接采用征兆来进行设备的故障诊断及设备状态的识别。这时，可以采用多种模式识别理论与方法，对征兆加以处理，构成判别准则，进行状态的识别与分类。显然，状态诊断这一步是设备诊断的重点。当然，这绝不表明设备诊断的成败只取决于状态诊断这一步，特征信号与征兆的获取正确与否，是能否正确进行状态诊断的前提。

（4）根据征兆与状态正确地进行设备的状态分析。当状态为有故障时，则应采用有关方法进一步分析故障位置、类型、性质、原因与发展趋势等。例如，故障树分析是分析故障原因的一种有效方法，当然，故障的原因往往是次一级的故障，如轴承烧坏是故障，其原因是输油管不输油，不输油是因油管堵塞，后者是因滤油器失效等，这些原因就可称作第二、三、四级故障。正因为故障的原因可能是次级故障，从而有关的状态诊断方法也可用于状态分析。

（5）根据状态分析正确地做出决策。干预设备及其工作进程，以保证设备可靠、高效地发挥其应有功能，达到设备诊断的目的。干预包括人为干预和自动干预，即包括调整、修理、控制、自诊断等。

应当指出，实际上往往不能直接识别设备的状态，因此首先要建立与状态一一对应的基准模式，由征兆所作出的判别准则，此时是同基准模式相联系来对状态进行识别与分类的。

1.2.2 故障诊断的方法

故障诊断的方法是应用现代化仪器设备和计算机技术来检查和识别机电设备及其零部件的实时技术状态，根据得到的信息分析判断设备"健康"状况。由于机器运行的状态、环境条件各不相同，因此采用的故障诊断方法也不相同。这些诊断技术方法有多种分类形式，具体如下：

1. 功能诊断和运行诊断

功能诊断是针对新安装或维修后的机器或机组，检查它们的运行工况和功能是否正常，并且按检查的结果对机器或机组进行调整。

运行诊断是针对正在工作中的机器或机组，监视其故障的发生和发展。

2. 定期诊断和连续监控

定期诊断是每隔一定时间，对处于工作状态下的机器进行常规检查。

连续监控则是采用仪器和计算机信息处理系统对机器运行状态随时进行监视或控制。

两种诊断方式的采用，取决于设备的在生产线上的关键程度、设备事故影响的严重程度、运行过程中性能下降的快慢以及设备故障发生和发展的可预测性。

3. 直接诊断和间接诊断

直接诊断是直接利用来自诊断对象的信息确定系统状态的一种诊断方法。直接诊断往往受到机器结构和工作条件的限制而无法实现，这时就不得不采用间接诊断。

间接诊断是通过两次或多次诊断信息来间接判断系统状态变化的一种诊断方法。例如，用润滑油温升来反映轴承的运行状态，通过检测箱体的振动来判断箱中齿轮是否正常运行。间接诊断是应用十分广泛的一种诊断方法。

4. 常规工况诊断和特殊工况诊断

在机器正常工作条件下进行的诊断叫常规工况诊断。对某些机器需为其创造特殊的工作条件来获取信息进行诊断称作特殊工况诊断。例如，动力机组的起动和停车过程需要通过转子的几个临界转速，这就需要测量起动和停车两个特定工况下的振动信号，这些信号在常规工况下是测不到的。

5. 在线诊断和离线诊断

在线诊断一般是指连续地对正在运行的设备进行自动实时诊断。此时测试传感器及二次仪表等均安装在设备现场，随设备仪器工作。

离线诊断是通过磁带记录仪等装置将现场的状态信号记录下来带回实验室，结合机组状态的历史档案做进一步的分析诊断。

6. 精密诊断与简易诊断

精密诊断是在简易诊断基础上更为细致的一种诊断方法，它不仅要回答有无故障的问题，而且还要详细地分析故障原因、故障部位、故障程度及其发展趋势等一系列问题。精密诊断技术包括人工诊断技术、专家系统技术及人工神经网络技术等。

简易诊断技术是指使用各种便携式诊断仪器和工况监视仪表，仅对设备有无故障及故障的严重程度做出判断和区分的诊断方法。简易诊断方法主要有听诊法、触测法和观察法等。

1.2.3　故障诊断常用技术

1. 振动诊断技术

在工业领域中，振动是衡量设备状态的重要指标之一，当机械内部发生异常时，设备就会出现振动加剧的现象。振动诊断就是以系统在某种激励下的振动响应作为诊断信息的来源，通过对所测得的振动参量（振动位移、速度、加速度）进行各种处理，借助一定的识别策略，对机械设备的运行状态做出判断，进而对有故障的设备给出故障部位、故障程度以及故障原因等方面的信息。由于振动诊断具有诊断结果准确可靠，便于实时诊断等诸多优点，因此它成为应用最广泛、最普遍的诊断技术之一。特别是近年来，随着振动信号采集、传输以及分析用仪器技术性能的提高，更进一步地促进了振动诊断技术在机械故障诊断中的应用。

从物理意义上来说，机械振动是指物体在平衡位置附近作往复运动。机械设备状态监测中常遇到的振动有：周期振动、非周期振动、窄带随机振动和宽带随机振动，以及集中振动的组合。周期振动和非周期振动属于确定性振动范围，由简谐振动及简谐振动的叠加构成。振幅、频率和相位是描述机械振动的三个基本要素。描述机械振动的三个特征量是位移、速度和加速度。对于机电设备的振动诊断而言，可测量的幅值参数有位移、速度和加速度。振动测量参数的选择应考虑振动信号的频率构成和所关心的振动后果两方面因素。此外，测量监测点的确定及监测周期的确定都会对诊断结果的准确可靠性产生较大的影响。

振动测量的方法很多，从测量原理上可分为机械法、光测法和电测法 3 大类。目前应用最广的是电测法，其特点是首先通过振动传感器将机械运动参数（位移、速度、加速度等）变换为电参量（电压、电荷、电阻、电容、电感等），然后再对电参量进行测量。

振动分析是将测量获得的振动信号中含有的与设备状态有关的特征参数提取出来。振动分析按信号处理的方式不同，分为幅域分析、时域分析和频域分析。不同的振动信号分析方法可以从不同的角度观察、分析信号，从而可根据不同需要得出各种信号处理结果。

振动诊断常用的仪器有测振传感器和信号记录仪器两大类。测振传感器俗称拾振器，作用是将机械振动量转变为适于电测的电参量，主要有压电加速度传感器、电涡流振动位移传感器。信号记录仪器是用来记录和显示被测振动随时间的变化曲线或频谱图，记录振动信号的仪器有光纤示波器、电子示波器、磁带机和数据采集器等。

机械故障诊断的结论最终要通过对采集信号的分析处理获得，用于信号分析与处理的设备有通用型和专用型两大类。通用型信号分析与处理设备，是指通用计算机硬件和基于其上的信号分析与处理软件组成的系统。专用型信号分析与处理设备，则是指除通用型之外的其他各种信号分析与处理设备。

一般通用型信号分析与处理设备的各种功能主要靠软件实现的，而专用型信号分析与处理设备有部分功能是靠硬件实现的。过去专用型设备在信号分析与处理的速度上具有一定的优势，但随着计算机软硬件技术突飞猛进的发展，这种优势已不复存在，相反，由于通用型系统能更快地运用计算机技术的最新成果，使得通用型系统不仅具有速度上的优势，在处理数据的容量等方面也更具优势。此外，通用型系统还具有组态灵活、造价较低等优点，所以近年来通用型系统发展很快，我国目前研制开发的机械设备故障诊断系统多为基于通用计算机的通用型信号分析与处理系统。

目前，绝大多数信号分析与处理系统，其信号处理的输出都具有图形（二维/三维、单色/彩色）输出功能，使得信号处理的结果更加直观明了，只有极少数信号分析与处理系统采用数据形式输出。

对大型机械设备或自动化装配生产线进行状态监测的振动监测系统的组成如图 1-2 所示。

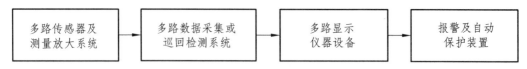

图 1-2　振动监测系统框图

振动监测系统能随时监督机械设备是否出现异常振动或振级超过规定值，一旦出现，能立即发出警报或自动保护动作，以防故障扩大。长期积累机械设备的振动状态数据，有助于监测人员对机械故障趋势作出判断。

2. 温度诊断技术

温度是工业生产中的重要工艺参数，它也是机电设备故障诊断与工况监测的一个重要特征量。机电设备运行中产生的许多故障都会引起相应的温度变化，如润滑不良造成的机件异常磨损，发动机排气管阻塞，电气接点烧坏等均会造成相应部位的温度升高。一方面，温度的变化也会对材料的力学、物理性能产生影响，如温度过高使机械零件发生软化等异常现象，导致零件性能下降，严重时还会造成零件烧损等。由此可以看出，温度与机电设备的运行状态密切相关，温度监测在机电设备故障诊断的技术体系中占有重要位置。

温度是一个很重要的物理量，它表示物体的冷热程度，是物体分子运动平均动能大小的标志。温度用温标来量度，各种各样温度计的数值都是由温标决定的，有华氏、摄氏、列氏、理想气体、热力学和国际实用温标等。其中摄氏温标和热力学温标最常用。

根据测量时测温传感器是否与被测对象接触，可将测温方式分为接触式测温和非接触式测温两大类。其中接触式测温是使传感器与被测对象接触，让被测对象与测温传感器之间通过热传导达到热平衡，然后根据测温传感器中的温度敏感元件的某一物性随温度而变化的特性来检测温度。常用的接触式测温法有热电阻法、热电偶法、集成温度传感法 3 种。接触式测温仪可以测量物体内部的温度分布，但对运动体、小目标或热容量小的测量对象，测量误差较大。常用的接触式测温仪有液体玻璃温度计、电阻温度计、热电偶温度计等。

在工业领域中，有许多温度测量问题用接触式测温法是无法解决的，如高压输电线接点处的温度监测，炼钢高炉以及热轧钢板等运动物体的温度监测等。19 世纪末，根据物体热辐射原理进行温度检测的非接触式测温法问世，但是受到当时感温元件的材料、制造技术等方面的限制，这种测温方式只能测量 800 ~ 900 ℃的高温。直到 20 世纪 60 年代后，随着红外线和电子技术的发展，使非接触式测温技术有了重大突破，促进了它在工业领域的应用。非接触式温度计不会破坏被测对象的温度场，不必与被测对象达到热平衡，测温上限不受限制，动态特性较好，可测运动体、小目标及热容量小或温度变化迅速的物体的表面温度，使用范围较广泛，但易受周围环境的影响，限制了测温的精度。常用的非接触式测温仪有光学高温计、辐射高温计、红外测温仪和热辐度温度图像仪。

3. 油样分析与诊断技术

机械设备中的润滑油和液压油在工作中是循环流动的，油中包含着大量由各种摩擦副产生的磨损残余物（磨屑或磨粒），这些残余物携带着丰富的关于机械设备运行状态的信息。油样分析就是在设备不停机、不解体的情况下抽取油样，并测定油样中磨损颗粒的特性，对机器零部件磨损情况进行分析判断，从而预报设备可能发生故障的方法。

通过油样分析，能够获取以下信息：

（1）磨屑的浓度和颗粒大小反映了机器磨损的严重程度。

（2）磨屑的大小和形貌反映了磨损产生的原因，即磨损发生的机理。

（3）磨屑的成分反映了磨屑产生的部位，即零件磨损的部位。

油样是油样分析的依据，是设备状态信息的来源。采样部位和方法的不同，会使所采取的油样中的磨粒浓度及其粒度分布发生明显的变化，所以采样的时机和方法是油样分析的重要环节。为保证所采油样的合理性，采取油样时应遵循以下几条基本原则：

（1）应始终在同一位置、同一条件（如停机则应在相同的时间后）和同一运转状态（转速、载荷相同）下采样。

（2）应尽量选择在机器过滤器前并避免从死角、底部等处采样。

（3）应尽量选择在机器运转时，或刚停机时采样。

（4）如关机后采样，必须考虑磨粒的沉降速度和采样点位置，一般要求在油还处于热状态时完成采样。

（5）采油口和采样工具必须保持清洁，防止油样间的交叉污染和被灰尘污染，且采样软管只用一次，不可多次反复使用。

油样采集周期应根据机器摩擦副的特性、机器的使用情况以及用户对故障早期预报准确度的要求而定。一般机器在新投入运行时，其采样间隔时间应短，以便于监测分析整个磨合过程；机器进入正常期后，摩擦副的磨损状态变得稳定，可适当延长采样间隔。如变速箱、液压系统等一般每 500 h 采一次油样；新的或大修后的机械在第一个 1 000 h 的工作期间内，每隔 250 h 采一次油样；油样分析结果异常时，应缩短采样时间间隔。

采样的主要工具是抽油泵、油样瓶和抽油软管等。油样分析方法主要有油样铁谱分析技术和油样光谱分析技术。油样铁谱分析技术是目前使用最广泛的润滑油油样分析方法，它的基本原理是把铁质磨粒用磁性方法从油样中分离出来，然后在显微镜下或肉眼直接观察，通过对磨料形貌、成分等的判断，确定机器零件的磨损程度。油样光谱分析技术可以检测因零件磨损而产生的小于 10 μm 的悬浮细小金属微粒的成分和尺寸，它的基本工作原理是根据油样中各种金属磨粒在离子状态下受到激发时所发射的特定波长的光谱来检测金属成分和含量。它用特征谱线检测该种金属元素是否存在，特征谱线强度表示该种金属含量的多少。通过检测出的金属元素的种类和浓度，即可推测出磨损发生的部位及其严重程度，并依此对相应零部件的工况做出判断。

4. 无损检测技术

机器的零部件在制造过程中其内部常常会出现各种缺陷。如铸铁件常会有气孔、缩松以及夹砂、夹渣等现象；锻件常有烧裂、龟裂现象；型材常见皮下气孔、夹杂等现象；焊缝则常有裂纹、未焊透、未熔合、夹渣、夹杂、气孔以及咬边现象。由于这些缺陷深藏在零部件的内部，因此采用一般的检测方法很难发现，生产中由此引起的设备故障也很多。无损检测技术就是针对材料或零部件缺陷进行检测的一种技术手段。

无损检测是利用物体因存在缺陷而使某一物理性能发生变化的特点，在不破坏或不改变被检物体的前提下，实现对物体检测与评价的技术手段的总称。现代无损检测技术能检测出缺陷的存在，并且能对缺陷做出定性、定量评定。由于它独特的技术优势，因此在工业领域中得到了广泛应用。目前用于机器故障诊断的无损探伤方法有 50 多种，主要包括射线探伤、声和超声波探伤（声振动、声撞击、超声脉冲反射、超声成像、超声频谱、声发射和电磁超声等）、电学和电磁探伤、力学和光学探伤以及热力学方法和化学分析法。其中应用最广泛的是超声波探伤法、射线探伤法和磁粉探伤法。

此外，还可以通过检测机械设备运行时的噪声来诊断机械故障。机械噪声的特性主要取决于声压级和噪声频谱，相应的测量仪器是声级计（噪声计）和频谱分析仪。

 ## 任务实施

任务名称： 检查 X 轴系统，查清故障原因

智能机电设备的故障诊断遵循"先电后机"的原则。Z 轴纵向的进给正常，说明数控系统可以正常工作。查看手册，设置伺服驱动参数，用伺服驱动控制电动机的运动，发现设备还是不能运动；通过 X 轴和 Z 轴伺服互换控制，发现设备依旧不能运动，排除伺服驱动的故障；通过钳形电流表对电机主电路的电流进行检查，根据之前的数据对比和经验发现，电流过小；最后查看电动机的传动机构，发现皮带脱落了，电动机和丝杆之间是皮带连接，导致进给系统不能运动。

设备故障发生的原因

任务描述

X 轴皮带脱落，对皮带进行分析，判断皮带脱落原因。

相关知识

1.3.1 零件失效的基本形式

机械设备发生故障的原因，有的来自设备自身的缺陷——设计方面的问题，如原设计结构、尺寸、配合、材料选择不合理等；有零件材料缺陷的问题，如材料材质不均匀、内部残余应力过大等；有制造方面的问题，如制造过程中的机械加工、铸锻、热处理、装配、标准件等存在工艺问题；有装配方面的问题，如零件的选配、调整不合理、安装不当等；还有检验、试车等方面的问题。

机械零件丧失规定的功能即称作失效。一个零件处于下列两种状态之一就认为是失效：一是不能完成规定功能，二是不能可靠和安全地继续使用。

零件的失效是机械设备产生故障的主要原因。因此，研究零件的失效规律，找出其失效原因和采取改善措施，对减少机械故障的发生和延长机械的使用寿命有着重要意义。

零件失效的基本形式为：磨损（磨粒磨损、黏着磨损、疲劳磨损、腐蚀磨损、微动磨损）、疲劳及断裂、变形（弯曲、扭曲、压溃）、腐蚀。

机械零件失效的主要表现形式是零件工作配合面的磨损，它占零件损坏的比例最大。材料的腐蚀、老化等是零件工作过程中不可避免的另一类失效形式，但其比例一般要小得多。这两种形式的失效，基本上概括了在正常使用条件下机械零件的主要失效形式。其他形式的失效，如零件疲劳断裂、变形等虽然实际生产中也经常发生，且属于最危险的失效形式，但多属于制造、设计方面的缺陷，或者是机器维护、使用不当引起的。

失效分析是指分析研究机件磨损、断裂、变形、腐蚀等现象的机理或过程的特征及规律，从中找出产生失效的主要原因，以便采用适当的控制方法。

失效分析可为制定维修技术方案提供可靠依据，并对引起失效的某些因素进行控制，以降低设备故障率，延长设备使用寿命。此外，失效分析也能为设备的设计、制造反馈信息，为设备事故的鉴定提供客观依据。

1.3.2 零件的磨损

众所周知，一台机器如汽车、拖拉机，其构成的基本单元是机件，许多零件构成的摩擦副，如轴承、齿轮、活塞-缸筒等，它们在外力作用下以及热力、化学等环境因素的影响下，经受着一定的摩擦、磨损直至最后失效，其中磨损这种故障模式，在各种机械故障中占有相当的比重。因此，了解零件及其配合副的磨损规律是非常必要的。

磨损这种故障模式属于渐进性故障，例如气缸由于磨损而产生的故障与风扇皮带的断裂、电容器被击穿等故障不同，后者属于突发性故障，而磨损产生的故障是耗损故障。使用经验表明，零件磨损及配合副间隙的增长是随使用时间的延长而增大的。

1.3.2.1 零件的磨损过程

零件的磨损过程基本上可分为运转磨合、正常磨损和急剧磨损三个阶段。

1. 运转磨合阶段

零件在装配后开始运转磨合，它的磨损特点是在短时间内磨损量增长较快，经过一定的时间后趋于稳定。它反映了零件配合副初始配合的情况。在该阶段的磨损强度在很大程度上取决于零件表面的质量、润滑条件和载荷。随着表面粗糙度的变大以及载荷的增大，在零件初始工作阶段，都会加速磨损。零件配合副的间隙也由初始状态逐步过渡到稳定状态。

2. 正常磨损阶段

零件及其配合副的磨损特点是磨损量慢慢增长，属于自然磨损，大多数零件的磨损量与工作时间呈线性关系，并且磨损量与使用条件和技术维护的好坏关系很大。使用保养得好，可有效延长零件工作时间。

3. 急剧磨损阶段

磨损强度急剧增加，配合间隙加剧变大，磨损量较大，破坏了零件正常的运转条件，摩擦加剧，零件过热，甚至因冲击载荷出现噪声和敲击，零件强度进入了极限状态，因此达到急剧磨损临界点后，不能继续工作，否则将出现事故性故障。一般零件或配合副使用到一定时间就应该采取调整、维修和更换的预防措施，来防止事故性故障发生。

零件在整机中所处的位置及摩擦工况不同，以及制造质量及其功能等原因，并不是所有零件开始时都有磨合期和使用末期的急剧磨损期。例如，密封件、燃油泵的精密配件和其他一些零件，它们呈现出不能继续使用的不合格情况，并不是因为在它们的末期出现了急剧磨损或者事故危险，而是由于它们的磨损量已经导致其不能发挥自身的功能；另外一些元件，例如电器导线、蓄电池、各种油管、散热器管、油箱等，它们实际上是没有初始工作磨损较快阶段。

1.3.2.2 零件的磨损形式

磨损与零件所受的应力状态、工作条件、润滑条件、加工表面形貌、材料的组织结构与性能以及环境介质的化学作用等一系列因素有关，若按表面破坏机理和特征来界定的话，磨损可以分为磨粒磨损、黏着磨损、疲劳磨损、腐蚀磨损和微动磨损。

1. 磨粒磨损

磨粒磨损也称作磨料磨损，它是由于摩擦副的接触表面之间存在着硬质颗粒，或者当摩擦副材料的一方硬度比另一方的硬度大得多时，所产生的一种类似金属切削过程的磨损现象。它是机械磨损的一种，特征是在接触面上有明显的切削痕迹。在各类磨损中，磨粒磨损约占 50%，是十分常见且危险性最严重的一种磨损，其磨损速率和磨损强度很大，致使机械设备的使用寿命大大降低，能源和材料大量消耗。

根据摩擦表面所受的应力和冲击的不同，磨粒磨损的形式又分为錾削式、高应力碾碎式和低应力擦伤式三类。

（1）磨粒磨损的机理

磨粒磨损属于磨粒颗粒的机械作用，一种是磨粒沿摩擦表面进行微量切削的过程；另一种是磨粒使摩擦表面层受交变接触应力作用，使表面层产生不断变化的密集压痕，最后由于表面疲劳而剥蚀。磨粒的来源有外界沙尘、切屑侵入、流体带入、表面磨损产物、材料组织的表面硬点及夹杂物等。

磨粒磨损的显著特点是：磨损表面具有与相对运动方向平行的细小沟槽，有螺旋状、环状或弯曲状细小切削及部分粉末。

（2）减轻磨粒磨损的措施

磨粒磨损是由磨粒与摩擦副表面的机械作用引起的，因此减少或消除磨粒磨损可以从以下两方面着手。

减少磨粒的进入。对机械设备中的摩擦副应阻止外界磨粒进入并及时清除摩擦副磨合过程中产生的磨屑。具体措施是配备空气滤清器及燃油、机油过滤器；增加用于防尘的密封装置等；在润滑系统中装入吸铁石，集屑房及油污染程度指示器；经常清理及更换空气、燃油、机油滤清装置。

增强零件摩擦表面的耐磨性。一是可以选用耐磨性能好的材料；二是对于要求耐磨又有冲击载荷作用的零件，可采用热处理和表面处理的方法改善零件材料表面的性质，提高表面硬度，尽可能使表面硬度超过磨粒的硬度；三是对于精度要求不太高的零件，可在工作面上堆焊耐磨合金以提高其耐磨性。

2. 黏着磨损

构成摩擦副的两个摩擦表面，在相对运动时接触表面的材料从一个表面转移到另一个表面所引起的磨损称作黏着磨损。根据零件摩擦副表面破坏程度，黏着磨损可分为轻微磨损、涂抹、擦伤、撕脱以及咬死等五类。

（1）黏着磨损的机理

摩擦副在重载条件下工作，因润滑不良、相对运动速度高、摩擦等原因产生的热量来不及散发，摩擦副表面产生极高的温度，严重时表层金属局部软化或熔化，材料表面强度降低，使承受高压的表面凸起部分相互黏着，继而在相对运动中被撕裂下来，使材料从强度低的表面上转移到材料强度高的表面上，造成摩擦副的灾难性破坏，如咬死或划伤。

（2）减少黏着磨损的措施

措施一：控制摩擦副的表面状态。摩擦表面越洁净、光滑，表面粗糙度越小，越易发生黏着磨损。金属表面经常存在吸附膜，当发生塑性变形后，金属滑移，吸附膜被破坏，或者温度升高达到 $100 \sim 200\ ℃$ 时吸附膜也会被破坏，这些都容易导致黏着磨损的发生。为了减少黏着磨损，应根据其载荷、温度、速度等工作条件，选用适当的润滑剂，或在润滑剂中加入添加剂等，以建立必要的润滑条件。而大气中的氧通常会在金属表面形成一层保护性氧化膜，也能防止金属直接接触和发生黏着，有利于减轻摩擦和磨损。

措施二：控制摩擦副表面的材料成分与金相组织。材料成分和金相组织相近的两种金属材料之间最容易发生黏着磨损，这是因为两摩擦副表面的材料形成固溶体或金属间化合物的倾向强烈。因此，作为摩擦副的材料应当是形成固溶体倾向最小的两种材料，即应当选用不同材料成分和晶体结构的材料。在摩擦副的一个表面上覆盖铅、锡、银、铜等金属或者软的合金可以提高抗黏着磨损的能力，如经常用巴氏合金、铝青铜等作为轴承衬的表面材料，可提高其抗黏着磨损的能力，钢与铸铁配对的抗黏着性能也不错。

措施三：改善热传递条件。通过选用导热性能好的材料，对摩擦副进行冷却降温或采取适当的散热措施，以降低摩擦副相对运动时的温度，保持摩擦副的表面强度。

3. 疲劳磨损

疲劳磨损是摩擦副材料表面上局部区域在循环接触应力周期性的作用下产生疲劳裂纹而发生材料微粒脱落的现象。根据摩擦副之间的接触和相对运动方式，可将疲劳磨损分为滚动接触疲劳磨损和滑动接触疲劳磨损两种形式。

（1）疲劳磨损的机理

疲劳磨损的过程就是裂纹产生和扩展、微粒形成和脱落的破坏过程。磨粒磨损和黏着磨损都与摩擦副表面直接接触有关，如有润滑剂将摩擦两表面分隔开，则这两类磨损机理就不起作用。对于疲劳磨损，即使摩擦表面间存在润滑剂，并不直接接触，也可能发生，这是因为摩擦表面通过润滑油膜传递而承受很大的应力。疲劳磨损与磨粒磨损、黏着磨损不同，它不是一开始就发生的，而是应力经过一定循环次数后发生微粒脱落，以致摩擦副失去工作能力。根据裂纹产生的位置，疲劳磨损的机理有如下两种情况：

情况 1：滚动接触疲劳磨损。滚动轴承、传动齿轮等有相对滚动摩擦副表面间出现深浅不同的针状、痘斑状凹坑（深度在 $0.1 \sim 0.2\ mm$ 以下）或较大面积的微粒脱落，都是由滚动接触疲劳磨损造成的，又称作点蚀或痘斑磨损。

情况 2：滑动接触疲劳磨损。两滑动接触物体在距离表面下 $0.786b$ 处（b 为平面接触区的半宽度）切应力最大，该处塑性变形最剧烈，在周期性载荷作用下的反复变形会使材料表面出现局部强度弱化，并在该处首先出现裂纹。在滑动摩擦力引起的切应力和法向载荷引起的切应力叠加作用下，使最大切应力从 $0.786b$ 处向表面深处移动，形成滑动疲劳磨损，剥落层深度一般为 $0.2 \sim 0.4\ mm$。

（2）减轻或消除疲劳磨损的措施

减轻或消除疲劳磨损的目的是控制影响裂纹产生和扩展，主要有以下两方面措施：

措施一：合理选择材质和热处理。钢中非金属夹杂物的存在易引起应力集中，这些夹杂物的边缘最易形成裂纹，从而降低材料的接触疲劳寿命。材料的组织状态、内部缺陷等对磨损也有重要的影响。通常，晶粒细小、均匀，碳化物呈球状且均匀分布，均有利于提高滚动接触疲劳寿命，在未熔解的碳化物状态相同的条件下，马氏体中碳的质量分数在 0.4% ~ 0.5% 时，材料的强度和韧性配合较佳，接触疲劳寿命高。对未熔解的碳化物，通过适当热处理，硬度在一定范围内增加，其接触疲劳抗力也将随之增大。例如，轴承钢表面硬度为 62 HRC 左右时，其抗疲劳磨损能力最大；对传动齿轮的齿面，硬度在 58 ~ 62 HRC 范围内最佳。此外，两接触滚动体表面硬度匹配也很重要，例如滚动轴承中，以滚道和滚动元件的硬度相近，或者滚动元件比滚道硬度高出 10% 为宜。

措施二：合理选择表面粗糙度。实践表明，适当减小表面粗糙度值是提高抗疲劳磨损能力的有效途径。例如，将滚动轴承的表面粗糙度值从 $Ra0.40\,\mu m$ 减小到 $Ra0.20\,\mu m$ 时，寿命可提高 2 ~ 3 倍；表面粗糙度值从 $Ra0.20\,\mu m$ 减小到 $Ra0.10\,\mu m$ 时，寿命可提高 1 倍；而减小到 $Ra0.05\,\mu m$ 以下则对寿命的提高影响甚小，表面粗糙度要求的高低与表面承受的接触应力有关，通常接触应力大或表面硬度高时，均要求表面粗糙度值要小。

此外，表面应力状态、配合精度的高低、润滑油的性质等都会对疲劳磨损的速度产生影响，通常，表面应力过大、配合间隙过小或过大、润滑油在使用中产生的腐蚀性物质等都会加剧疲劳磨损。

4. 腐蚀磨损

（1）腐蚀磨损的机理

运动副在摩擦过程中，金属同时与周围介质发生化学反应或电化学反应，引起金属表面产生腐蚀物并剥落，这种现象称作腐蚀磨损。它是腐蚀与机械磨损相结合而形成的一种磨损现象，因此腐蚀磨损的机理与磨粒磨损、黏着磨损和疲劳磨损的机理不同，它是一种极为复杂的磨损过程，经常发生在高温或潮湿的环境中，更容易发生在有酸、碱、盐等特殊介质的条件下，根据腐蚀介质及材料性质的不同，通常将腐蚀磨损分为氧化磨损和特殊介质中的腐蚀磨损两大类。

氧化磨损：在摩擦过程中，摩擦表面在空气中的氧或润滑剂中的氧的作用下所生成的氧化膜很快被机械摩擦去除的磨损形式称作氧化磨损。工业中应用的金属绝大多数都能被氧化而在表面生成一层氧化膜，这些氧化膜的性质对磨损有着重要的影响。若金属表面生成致密完整、与基体结合牢固的氧化膜，且氧化膜的耐磨性能很好，则磨损轻微；若膜的耐磨性不好则磨损严重。例如，铝和不锈钢都易形成氧化膜，但铝表面氧化膜的耐磨性不好，不锈钢表面氧化膜的耐磨性好，因此不锈钢具有的抗氧化磨损能力比铝更强。

特殊介质中的腐蚀磨损：在摩擦过程中，环境中的酸、碱等电解质作用于摩擦表面上所形成的腐蚀产物迅速被机械摩擦所除去的磨损形式称作特殊介质中的腐蚀磨损。这种磨损的机理与氧化磨损相似，但磨损速率较氧化磨损高得多。介质的性质、环境温度、腐蚀产物的强度、附着力等都对磨损速率有重要影响。这类腐蚀磨损出现的概率很高，如流体输送泵，当其输送带腐蚀性的流体，尤其是含有固体颗粒的流体时，与流体有接触的部位都会受到腐蚀磨损。

（2）减轻腐蚀磨损的措施

通过合理选择材质和对表面进行抗氧化处理，可以选择含铬、镍、钼等成分的钢材，提高运动副表面的抗氧化磨损能力，或者对运动副表面进行喷丸、滚压等强化处理，或者对表面进行阳极化处理等，使金属表面生成致密的组织或氧化膜，提高其抗氧化磨损能力。

对于特定介质作用下的腐蚀磨损，可以通过控制腐蚀性介质的形成条件，选用合适的耐磨材料以及改变腐蚀性介质的作用方式来降低腐蚀磨损的速率。

5. 微动磨损

两个固定接触表面由于受相对小振幅振动而产生的磨损称作微动磨损，主要发生在相对静止的零件结合面上。例如，键连接表面、过盈或过渡配合表面、机体上用螺栓连接和铆钉连接的表面等，因而往往易被忽视。

微动磨损的主要危害是使配合精度下降，过盈配合部件的过盈量下降甚至松动，连接件松动乃至分离，严重者还会引起事故。微动磨损还易引起应力集中，导致连接件疲劳断裂。

（1）微动磨损的机理

微动磨损是一种兼有磨粒磨损、黏着磨损和氧化磨损的复合磨损形式。微动磨损通常集中在局部范围内，接触应力使结合表面的微凸体产生塑性变形，并发生金属黏着。黏着点在外界小振幅振动的反复作用下被剪切，黏附金属脱落，剪切处表面被氧化。而结合表面永远不脱离接触，磨损产物不易往外排除，磨屑在结合表面因振动而起着磨粒的作用，所以微动磨损兼有黏着磨损、氧化磨损和磨粒磨损的作用。

（2）减轻或消除微动磨损的措施

实践表明，材质性能、载荷、振幅的大小以及温度的高低是影响微动磨损的主要因素。因此，减轻或消除微动磨损的措施主要有以下几个方面：

改善材料性能：选择适当材料配对以及提高硬度都可以减轻微动磨损。一般来说，抗黏着性能好的材料配对对抗微动磨损能力也好，而铝对铸铁、铝对不锈钢、工具钢对不锈钢等抗黏着能力差的材料配对，其抗微动磨损能力也差。将碳钢表面硬度从 180HV 提高到 700HV 时，微动磨损可减轻 50%。采用表面硫化处理或磷化处理以及镀上聚四氟乙烯表面镀层也是降低微动磨损的有效措施。

控制载荷和增加预应力：在一定条件下，微动磨损量随载荷的增加而增加，但增大的速率会不断降低，当超过某临界载荷时，磨损量则减小。因此，可通过控制过盈配合的预应力或过盈量来有效地减缓微动磨损。

控制振幅：实验表明，振幅较小时，磨损率也比较小；当振幅在 50～150 μm 时，磨损率会显著上升。因此，应有效地将振幅控制在 30 μm 以内。

合理控制温度：低碳钢在 0 ℃以上，磨损量随温度上升而逐渐降低；在 150～200 ℃时磨损量会突然降低；继续升高温度，则磨损量上升，温度从 135 ℃升高到 400 ℃时，磨损量会增加 15 倍。中碳钢在其他条件不变时，温度为 130 ℃的情况下微动磨损发生转折，超过此温度，微动磨损量大幅度降低。

选择合适的润滑剂：实验表明，普通的液体润滑剂对防止微动磨损效果不佳；黏度大、滴点高、抗剪切能力强的润滑脂对防止微动磨损有一定的效果；效果最佳的是固体润滑剂，如 MoS_2 等。

影响磨损的因素是十分复杂的，主要的几个方面为：材料性能、接触表面的几何形貌、运动副的装配质量、运动学和动力学状态以及摩擦环境，每个方面又都包含很多具体内容。需要特别指出的是，并不是任何磨损过程的控制都必须全面考虑这些因素，对于给定的磨损条件而言，有的因素很重要，必须考虑，但有的因素却可能并不重要甚至无关。

正确选材对控制零件的磨损，保证产品质量是十分重要的。正确选材的第一步必须对零件的工作条件及环境有详细的了解，在此基础上，确定对该零件的总体性能要求。

以滑动轴承为例，作为机械零件，它必须具有一定的强度、一定的塑性、具有可加工性、成本低廉，这些都属于对机械零件的一般要求。然而，作为滑动轴承，它还应具有合适的硬度、较好的导热性，这是对滑动轴承非摩擦学性能中的特殊要求。

关于摩擦因数，在有些情况下是必须特别加以考虑的，如刹车装置、夹紧装置及传动装置中。一般情况下，摩擦因数确定了系统的动力性能、材料表面的应力、表面温度及系统所要求的功率。

至于磨损率，它直接影响零件的使用寿命，在选材考虑中的重要地位是显而易见的。特别强调的是，不同运转条件下的磨损机理可能很不相同，要使不同磨损机理或磨损类型的磨损率降低，对材料性能的要求是不完全相同的。因此，在选择磨损件材料时，必须首先确定占主导地位的是何种磨损形式。

1.3.3 零件的腐蚀

零件的腐蚀损伤是指金属材料与周围介质产生化学或电化学反应造成的表面材料损耗、表面质量破坏、内部晶体结构损伤，最终导致零件失效的现象。

金属零件的腐蚀损伤具有以下特点：损伤总是由金属表层开始，表面常常有外形变化，如出现凹坑、斑点、溃破等；被破坏的金属转变为氧化物或氢氧化物等化合物，形成的腐蚀物部分附着在金属表面，如钢板生锈的表面附着一层氧化铁。

1.3.3.1 腐蚀损伤的类型

按金属与介质作用机理，机械零件的腐蚀损伤可分为化学腐蚀和电化学腐蚀两大类。

1. 机械零件的化学腐蚀

化学腐蚀是指金属和介质发生化学作用而引起的腐蚀，在这一腐蚀过程中不产生电流，介质是非导电的。化学腐蚀的介质一般有两种形式，一种是气体腐蚀，指在干燥空气、高温气体等介质中的腐蚀；另一种是非电解质溶液中的腐蚀，指在有机液体、汽油和润滑油等介质中的腐蚀，它们与金属接触时进行化学反应形成表面膜，在不断脱落又不断生成的过程中使零件产生腐蚀。

大多数金属在室温下的空气中就能自发地被氧化，但在表面形成氧化物层之后，如能有效地隔离金属与介质间的物质传递，就成为保护膜。如果氧化物层不能有效阻止氧化反应的进行，那么金属将不断地被氧化而受到腐蚀损伤。

2. 金属零件的电化学腐蚀

电化学腐蚀是金属与电解质物质接触时产生的腐蚀，大多数金属的腐蚀都属于电化学腐蚀。金属发生电化学腐蚀的特点是：引起腐蚀的介质是具有导电性的电解质，腐蚀过程中有电流产生，电化学腐蚀比化学腐蚀普遍而且要强烈得多。

1.3.3.2 减轻或消除机械零件腐蚀损伤的措施

1. 正确选材

根据环境介质和使用条件，选择合适的耐腐蚀材料，如含有镍、铬、硅、钛等元素的合金钢；在条件许可的情况下，尽量选用尼龙、塑料、陶瓷等材料。

2. 合理设计结构

设计零件结构时应尽量使整个部位的所有条件均匀一致，做到结构合理，外形简化，表面粗糙度合适，应避免电位差很大的金属材料相互接触，还应避免结构应力集中、热应力及流体停滞和聚集的结构以及局部过热等现象。

3. 覆盖保护层

在金属表面上覆盖耐腐蚀的金属保护层，如镀锌、镀铬、镀钼等，把金属与介质隔离开，以防止腐蚀；也可覆盖非金属保护层和化学保护层，如油基漆等涂料、聚氯乙烯、玻璃钢等；还可用化学或电化学方法在金属表面覆盖一层化合物薄膜，如磷化、发蓝、钝化、氧化等。

4. 电化学保护

电化学腐蚀是由于金属在电解质溶液中形成了阳极区和阴极区，存在一定的电位差，形成了化学电池而引起的腐蚀。电化学保护法就是对被保护的机械零件接通以直流电流进行极化，以消除电位差，使之达到某一电位时，被保护金属的腐蚀可以很小，甚至呈无腐蚀状态。这种方法要求介质必须导电和连续。

5. 添加缓蚀剂

在腐蚀性介质中加入少量能降低腐蚀速度的缓蚀剂，可减轻腐蚀。按化学性质的不同，缓蚀剂有无机缓蚀剂和有机缓蚀剂两类。无机类能在金属表面形成保护，使金属与介质隔开，如重铬酸钾、硝酸钠、亚硫酸钠等。有机化合物能吸附在金属表面上，使金属熔解并抑制还原反应，减轻金属腐蚀，如胺盐、琼脂、动物胶、生物碱等。在使用缓蚀剂防腐时，应特别注意其类型、浓度及有效时间。

6. 改变环境条件

这种方法是将环境中的腐蚀性介质去掉，如采用强制通风、除湿、除二氧化硫等有害气体，以减轻腐蚀损伤。

1.3.4 零件的断裂

断裂是指零件在某些因素经历反复多次的应力或能量负荷循环作用后才发生的断裂现象。零件断裂后形成的表面称作断口。断裂的类型很多，与断裂的原因密切相关。工程中常见的零件断裂有如下 5 种类型。

1.3.4.1 过载断裂

当外力超过了零件危险截面所能承受的极限应力时发生的断裂称作过载断裂，其断口特征与材料拉伸试验断口形貌类似。对钢等韧性材料在断裂前有明显的塑性变形，断口有颈缩现象，呈杯锥状，称作韧性断裂；分析失效原因应从设计、材质、工艺、使用载荷、环境等角度综合考虑。对铸铁等脆性材料，断裂前几乎无塑性变形，发展速度极快，断口平齐光亮，且与正应力垂直，称作脆性断裂；由于发生脆性断裂之前无明显的预兆，事故的发生具有突然性，因此是一种非常危险的断裂破坏形式。目前，关于断裂的研究主要集中在脆性断裂上。

1.3.4.2 腐蚀断裂

零件在有腐蚀介质的环境中承受低于抗拉强度的交变应力作用，经过一定时间后产生的断裂称作腐蚀断裂。断口的宏观形貌呈现脆性特征，即使是韧性材料也如此。裂纹源常常发生在表面而且呈多发源，在断口上可看到明显的腐蚀特征。

1.3.4.3 低应力脆性断裂

一种是零件制造工艺不正确或使用环境温度低，使材料变脆，在低应力下发生脆断，常见的有钢材回火脆断和低温下脆断；另一种是由于氢的作用，零件在低于材料屈服极限的应力作用下导致的氢脆断裂，氢脆断裂的裂纹源在次表层，裂纹源不是一点而是一小片，裂纹扩展区呈氧化色颗粒状，与断裂区成鲜明对比，断口宏观上平齐。

1.3.4.4 蠕变断裂

金属零件在长时间的恒温、恒应力作用下，即使受到小于材料屈服极限的应力作用，也会随着时间的延长，而缓慢产生塑性变形，最后导致零件断裂。在蠕变断裂口附近有较大变形，并有许多裂纹，多为沿晶断裂，断口表面有氧化膜，有时还能见到蠕变孔洞。

1.3.4.5 疲劳断裂

金属零件经过一定次数的循环载荷或交变应力作用后引发的断裂现象称作疲劳断裂。在机械零件的断裂失效中，疲劳断裂占很大的比重，为 50%～80%。轴、齿轮、内燃机连杆等都承受交变载荷，若发生断裂多半为疲劳断裂。

疲劳断裂断口的宏观特征明显分为三个区域，即疲劳源区、疲劳裂纹扩展区和瞬时破断区。疲劳源区是疲劳裂纹最初形成的地方，它一般发生在零件的表面，但若材料表面进行了强化或内部有缺陷，也可在皮下或内部发生；疲劳源区往往是表面光滑润洁、贝纹线不明显的狭小区域。疲劳裂纹扩展区最明显的特征是常常呈现宏观的疲劳弧带和微观的疲劳纹，疲劳弧带大致以疲劳源为核心，以水波形式向外扩展，形成许多同心圆或同心弧带，其方向与裂纹扩展方向相垂直。瞬时破断区是当疲劳裂纹扩展到临界尺寸时发生的快速破断区，其宏观特征与静载拉伸断口中快速破断的放射区及剪切区相同。通过对断裂零件断口形貌的研究，可推断出断裂的性质和类型，找出破坏原因，以便采取预防措施。

零件结构在设计时，应尽量减少应力集中，根据环境介质、温度、负载性质合理选择材料。通过表面强化处理可大大提高零件的疲劳寿命，适当的表面涂层可防止杂质造成的脆性断裂。在对某些材料进行热处理时，向炉中通入保护气体可大大改善材料性能。零件要正确安装，防止产生附加应力与振动，对重要零件应防止碰伤拉伤；同时应注意正确使用，保护设备的运行环境，防止腐蚀性介质的侵蚀。防止零件各部分温差过大，如有些设备在冬季作业时需先低速空转一段时间，待各部分预热以后才能负载运转。

1.3.5 零件的变形

机械设备在作业过程中，由于受力的作用，导致零件的尺寸或形状产生改变的现象称作变形。过量的变形是机械失效的重要原因，也是判断断裂的明显征兆。有的机械零件因变形引起结合零件出现附加载荷、加速磨损或影响各零部件间的相互关系，甚至造成断裂等灾难性后果。例如，各类传动轴的弯曲变形、桥式起重机主梁下绕曲或扭曲、汽车大梁的扭曲变形、缸体或变速箱壳等基础零件发生变形等，相互间位置精度就会遭到破坏；当变形量超过允许极限时，将丧失规定的功能。

1.3.5.1 零件变形的类型

1. 金属的弹性变形

弹性变形是指金属在外力去除后能完全恢复的那部分变形。弹性变形的机理，是晶体中的原子在外力作用下偏离了原来的平衡位置，使原子间距发生变化，从而造成晶格的伸缩或扭曲。因此，弹性变形量很小，一般不超过材料原来长度的 0.1%～1.0%，且金属在弹性变形范围内符合胡克定律，即应力与应变成正比。

许多金属材料在低于弹性极限应力作用下会产生滞后弹性变形。在一定大小应力的作用下，试样将产生一定的平衡应变。但该平衡应变不是在应力作用的一瞬间产生，而需要应力持续充分的时间后才会完全产生。应力去除后平衡变形也不是在一瞬间完全消失，而是需经充分时间后才完全消失。材料发生弹性滞后变形时，平衡应变滞后于应力的现象称作弹性滞后现象，简称弹性后效。曲轴等经过冷校直的零件，经过一段时间后又发生弯陷，这种现象是由弹性后效所引起的。消除弹性后效的方法是长时间的回火，一般钢件的回火温度为300～450 ℃。

在金属零件使用过程中，若产生超过设计允许的超量弹性变形，则会影响零件正常工作，例如，传动轴工作时，超量弹性变形会引起轴上齿轮啮合状况恶化，影响齿轮和支承它的滚动轴承的工作寿命；机床导轨或主轴超量弹性变形，会引起加工精度降低甚至不能满足加工精度要求。因此，在机械设备运行中防止超量弹性变形是十分必要的。

2. 金属的塑性变形

塑性变形是指金属在外力去除后，不能恢复的那部分永久变形。

实际使用的金属材料，大多数是多晶体，且大部分是合金。由于多晶体有晶界的存在，各晶粒位向的不同以及合金中熔质原子和异相的存在，不但使各个晶粒的变形互相阻碍和制约，而且会严重阻碍位错的移动。因此，多晶体的变形抗力比单晶体大，而且使变形复杂化。由此可见，晶粒越细，则单位体积内的晶界越多，因而塑性变形抗力也越大，即强度越高。

金属材料经塑性变形后，会引起组织结构和性能的变化。较大的塑性变形，会使多晶体的各向同性遭到破坏，而表现出各向异性，也会使金属产生加工硬化现象。同时，由于晶粒位向差别和晶界的封锁作用，多晶体在塑性变形时，各个晶粒及同一晶粒内部的变形是不均匀的。因此，外力去除后各晶粒的弹性恢复也不一样，因而在金属中产生内应力或残余应力。另外，塑性变形使原子活泼能力提高，造成金属的耐腐蚀性下降。

塑性变形导致机械零件各部分尺寸和外形发生变化，将引起一系列不良后果。例如，机床主轴塑性弯曲，将不能保证加工精度，导致废品率增大，甚至使主轴不能工作。零件的局部塑性变形虽然不像零件的整体塑性变形那样明显引起失效，但也是引起零件失效的重要因素。例如，键连接、花键连接、挡块和销钉等，由于静压力作用，通常会引起配合的一方或双方的接触表面因挤压而产生局部塑性变形，随着挤压变形的增大，特别是那些能够反向运动的零件将引起冲击，使原配合关系破坏的过程加剧，从而导致机械零件失效。

1.3.5.2 引起零件变形的原因

1. 工作应力

由外载荷产生的工作应力超过零件材料的屈服极限时，使零件产生永久变形。

2. 工作温度

温度升高，金属材料的原子热振动增大，临界切变抗力下降，容易产生滑移变形，使材料的屈服极限下降；或零件受热不均，各处温差较大，产生较大的热应力，引起变形。

3. 残余内应力

零件在毛坯制造和切削加工过程中，都会产生残余内应力，影响零件的静强度和尺寸稳定性。这不仅使零件的弹性极限降低，还会因内应力变小产生塑性变形。

4. 材料内部缺陷

材料内部夹渣、有硬质点、应力分布不均等，造成使用过程中零件变形。需要指出的是，引起零件的变形，不一定在单因素作用下一次产生，往往是几种原因的共同作用，多次变形累积的结果。因此，要防止零件变形，必须从设计、制造工艺、使用、维护修理等几个方面采取措施，避免和消除上述引起变形的因素，从而把零件的变形控制在允许的范围之内。

1.3.5.3 消除或减少零件变形的措施

使用中的零件，变形是不可避免的，因此在进行设备大修时不能只检查配合面的磨损情况，对于相互位置精度也必须认真检查和修复，尤其对第一次大修时，机械设备的变形情况更要注意检查、修复，因为零件在内应力作用下的变形，通常在 12~20 个月完成。

实际生产中，机械零件的变形是不可避免的。引起变形的原因是多方面的，因此减轻变形危害的措施也应从设计、加工、修理、使用等多方面予以考虑。在设计时不仅要考虑零件的强度，还要重视零件的刚度和制造、装配、使用、拆卸、修理等问题。因此要注意正确选材，注意材料的工艺性能，如铸造的流动性、收缩性、锻造的可锻性、焊接的冷裂、机加工的可切削性等。选择适当的结构，合理布置零部件，改善零件的受力状况，如避免尖角、棱角，将其改为圆角、倒角，厚薄悬殊的部分可开工艺孔或加厚太薄的部位，安排好孔洞位置，把盲孔改为通孔。形状复杂的零件尽可能采用组合结构、镶拼结构等。

在加工中要采取一系列工艺措施来防止和减少变形。例如对毛坯进行时效处理，以消除其残余内应力。在制定机械零件加工工艺规程时，要在工序、工步的安排以及工艺装备和操作上采取减小变形的工艺措施。例如，按照粗、精加工分开的原则，在粗、精加工中间留出一段存放时间，以利于消除内应力。机械零件在加工和修理过程中要减少基准的转换，尽量将工艺基准留给维修时使用，减少维修加工中因基准不统一而造成的误差。对于经过热处理的零件，预留加工余量、调整加工尺寸、预加变形都是非常必要的。在掌握零件的变形规律之后，可预先加以反向变形量，经热处理后两者抵消；也可预加应力或控制应力的产生和变化，使最终变形量符合要求，达到减少变形的目的。加强设备管理，严格执行安全操作规程，加强机械设备的检查和维护，避免超负荷运行和局部高温。还应注意正确安装设备，精密机床不能用于粗加工，合理存放备品备件等。

机械设备在使用过程中受到种种因素作用，逐渐损坏或老化，以致发生故障甚至失去应有的功能，因此在使用过程中应注意设备工作环境的粉尘、腐蚀情况，以及自然环境因素和设备承受的载荷情况。同时，设备使用过程中的维护与管理水平，在很大程度上决定着设备的故障率。使用过程中的人为因素，包括未遵守制造和修理的技术规程、保管运输不当、维护保养不当、操作者的技术水平和熟练程度未达到规范等都可增大设备的故障率。因此，需要通过建立合理的维修保养制度，制定技术操作规程，严格质量检验，加强人员培训等方法，以消除不利的影响，减少故障发生，延长机器使用寿命。

 # 任务实施

任务名称： 皮带条纹出现严重磨损

通过观察皮带，发现皮带经过长时间的使用，上面的条纹出现了严重的磨损，而且皮带有一定的变形。此皮带已经无法修复继续使用，通过更换皮带，设备能够正常使用。

设备维修与零件修复

任务描述

通过 980TDc 数控车床的 X 轴出现进给故障的维修案例，熟悉机电设备的维修内容，有效统筹维修系统的人、财、物，使维修工作得以合理安排并获得最佳的效果。

相关知识

1.4.1 设备维修及准备工作

设备维修是对装备或设备进行维护和修理的简称。这里所说的维护是指为保持装备或设备完好工作状态所做的一切工作，包括清洗擦拭、润滑涂油、检查调校，以及补充能源、燃料等消耗品；修理是指恢复装备或设备完好工作状态所做的一切工作，包括检查、判断故障，排除故障，排除故障后的测试，以及全面翻修等。由此可见，维修是为了保持和恢复装备或设备完好工作状态而进行的一系列活动。

维修是伴随生产工具的使用而出现的。随着生产工具的发展，机器设备大规模的使用，人们对维修的认识也在不断地深化。维修已由事后排除故障发展为事前预防故障；由保障使用的辅助手段发展成为生产力和战斗力的重要组成部分。如今，维修已发展成为增强企业竞争的有力手段，改善企业投资的有效方式，实行全系统、全寿命管理的有机环节，实施绿色再制造工程的重要技术措施。可以说，维修已从一门技艺发展成为一门学科。

设备维修前需要做好相关准备工作，维修前的准备通常指大修前的准备，包括修前技术准备和修前物质准备，其完善程度、准确性和及时性会直接影响到大修作业计划、维修质量、效率和经济效益。

1.4.2 修理方案的确定

机械设备的修理不但要达到预定的技术要求，而且要力求提高经济效益。因此，在修理前应切实掌握设备的技术状况，制定经济合理、切实可行的修理方案，充分做好技术和生产准备工作。在实施修理的过程中要积极采用新技术、新材料和新工艺，以保证修理质量，缩短停修时间，降低修理费用，但设备在修理前必须先进行实地检查，在详细调查了解设备修理前的技术状况、存在的主要缺陷和产品工艺对设备的技术要求后，再确定修理方案，主要内容如下：

（1）按产品工艺要求，确定设备的出厂精度标准能否满足生产需要，如果个别主要精度项目标准不能满足生产需要，能否采取工艺措施提高精度。同时确认哪些精度项目可以免检。

（2）对多发性重复故障部位，分析改进设计的必要性与可能性。

（3）对关键零部件，如精密主轴部件、精密丝杠副、分度蜗杆副的修理，维修人员的技术水平和自身条件能否胜任维修工作。

（4）对基础件，如床身、立柱和横梁等的修理，采用磨削、精制工艺，在本企业或本地区其他企业实现的可能性和经济性。

（5）为了缩短修理时间，确认哪些部件采用新部件比修复原有零件更为经济。

（6）分析本企业的承修能力，如果有本企业不能胜任和不能实现对关键零部件、基础件的修理工作，应与外企业联系并达成初步协议，委托其他企业修理。

1.4.3　修理前的技术准备

设备修理前的技术准备，包括设备修理的预检和预检前的准备、修理图纸资料的准备、各种修理工艺的制定及修理工检具的制作和供应。

1. 预　检

为了全面深入地掌握设备的实际技术状态，在维修前安排的停机检查称作预检。预检工作由主修技术人员主持，设备使用单位的机械员、操作人员和维修人员参加。预检的时间应根据设备的复杂程度确定。

预检既可验证事先预测的设备劣化部位及程度，又可发现事先未预测到的问题，从而结合已经掌握的设备技术状态劣化规律，为制定修理方案提供依据。

2. 预检前的准备工作

（1）阅读设备使用说明书，熟悉设备的结构、性能和精度及其技术特点。

（2）查阅设备档案，着重了解设备安装验收（或上次大修理验收）记录和出厂检验记录；历次修理（包括小修、项修、大修）的内容，修复或更换的零件；历次设备事故报告；近期定期检查记录；设备运行中的状态监测记录；设备技术状况普查记录等。

（3）查阅设备图册，为校对、测绘修复件或更换件做好图样准备。

（4）向设备操作人员和维修人员了解设备的技术状态。设备的精度是否满足产品的工艺要求，性能是否下降，气动、液压系统及润滑系统是否正常和有无泄漏，附件是否齐全，安全防护装置是否灵敏可靠，设备运行中易发生故障的部位及原因，设备当前存在的主要缺陷，需要修复或改进的具体意见等。

将上述各项调查准备的结果进行整理、归纳，试分析和确定预检时需解体检查的部件和预检的具体内容，并制定预检作业计划。

3. 预检的内容

在实际工作中，应从设备预检前的调查结果和设备的具体情况出发，确定预检内容。下面为金属切削机床类设备的典型预检内容，仅供参考。

（1）按出厂精度标准对设备逐项检验，并记录实测值。

（2）检查设备外观。查看有无掉漆，指示标牌是否清晰整洁，操纵手柄是否损伤等。

（3）检查机床导轨。若有磨损，测出磨损量，检查导轨副可调整镶条的可调整余量，以便确定大修时是否需要更换导轨。

（4）检查机床外露的主要零件（如丝杠、齿条、光杠等）的磨损情况，测出磨损量。

（5）检查机床的运行状态。各种运动是否达到规定速度，尤其高速时运动是否平稳、有无振动和噪声，低速时有无爬行，运动时各操纵系统是否灵敏和可靠。

（6）检查气动、液压系统及润滑系统。系统的工作压力是否达到规定，压力波动情况有无泄漏。若有泄漏，查明泄漏部位和原因。

（7）检查电气系统。除常规检查外，注意用先进的元器件替代原有的元器件。

（8）检查安全防护装置。包括各种指示仪表、安全联锁装置、限位装置等是否灵敏可靠，各防护罩有无损坏。

（9）检查附件有无磨损、失效。

（10）部分解体检查，以便根据零件磨损情况来确定零件是否需要更换或修复。原则上尽量不拆卸零件，尽可能用简易方法或借助仪器判断零件的磨损，对难以判断零件的磨损程度和必须测绘、校对图样的零件才进行拆卸检查。

4. 预检应达到的要求

（1）全面掌握设备技术状态劣化的具体情况，并做好记录。

（2）明确产品工艺对设备精度、性能的要求。

（3）确定需要更换或修复的零件，尤其要保证大型复杂铸锻件、焊接件、关键件和外购件的更换或修复。

（4）测绘或核对更换件和修复件图样，确保图样要准确无误，保证制造或修配能顺利地进行。

5. 预检的步骤

（1）做好预检前的各项准备工作，按预检内容进行。

（2）在预检过程中，对发现的故障隐患必须及时排除，恢复设备性能并交付继续使用。

（3）预检结束要提交预检结果表，在预检结果表中应尽量定量地反映检查出的问题。如果根据预检结果判断无需大修，应向设备主管部门提出改变修理类别的意见。

1.4.4　编制大修技术文件

通过预检和分析确定修理方案后，必须准备好大修用的技术文件和图样。机械设备大修技术文件和图样包括：修理技术任务书，修换件明细表及图样，材料明细表，修理工艺，专用工、检、研具明细表及图样，修理质量标准等。这些技术文件是编制修理作业计划、指导修理作业以及检查和验收修理质量的依据。

1. 编制修理技术任务书

修理技术任务书由主修人员编制，经机械师和主管工程师审查，最后由设备管理部门负责人批准。设备修理技术任务书主要内容如下：

（1）设备修前技术状况。包括说明设备修理前工作精度下降情况，设备的主要输出参数的下降情况，基础件、关键件、高精度零件等主要零部件的磨损和损坏情况，液压系统、润滑系统的缺损情况，电气系统的主要缺陷情况，安全防护装置的缺损情况等。

（2）主要修理内容。包括说明设备要全部或个别部件解体，清洗和检查零件的磨损和损坏情况，确定需要更换和修复的零件，简要说明基础件、关键件的修理方法，说明必须仔细检查和调整的机构，结合修理需要进行改善维修的部位和内容。

（3）修理质量要求。对装配质量、外观质量、空运转试车、负荷试车、几何精度和工作精度检验进行逐项说明并按相关技术标准检查验收。

2. 编制修换件明细表

修换件明细表是设备大修前准备备品配件的依据，应力求准确。

3. 编制材料明细表

材料明细表是设备大修准备材料的依据，设备大修材料可分为主材和辅材两类。主材是指直接用于设备修理的材料，如钢材、有色金属、电气材料、橡胶制品、润滑油脂、油漆等。辅材是指制造更换件所用材料、大修时用的辅助材料，不列入材料明细表，如清洗剂、擦拭材料等。

4. 编制修理工艺规程

机械设备修理工艺规程应具体规定设备的修理程序、零部件的修理方法、总装配与试车的方法及技术要求等，以保证大修质量。它是设备大修时必须认真遵守和执行的指导性技术文件。

编制设备大修工艺时，应根据设备修理前的实际状况、企业的修理技术装备和修理技术水平，做到技术上可行，经济上合理，切合生产实际要求，机械设备修理工艺规程主要内容如下：

（1）整机和部件的拆卸程序、方法以及拆卸过程中应检测的数据和注意事项。

（2）主要零部件的检查、修理和装配工艺，以及应达到的技术条件。

（3）关键部位的调整工艺以及应达到的技术条件。

（4）总装配的程序和装配工艺，应达到的精度要求、技术要求以及检查方法。

（5）总装配后试车程序、规范及应达到的技术条件。

（6）在拆卸、装配、检查测量及修配过程中需用到的通用或专用的工具、研具、检具和量仪的使用规范。

（7）修理作业中的安全技术措施等。

5. 大修质量标准

机械设备大修后的精度、性能标准应能满足产品质量、加工工艺要求，并要有足够的精度储备。大修质量标准主要包括以下几方面的内容：

（1）机械设备的工作精度标准。

（2）机械设备的几何精度标准。

（3）空运转试验的程序、方法及检验的内容和应达到的技术要求。

（4）负荷试验的程序、方法及检验的内容和应达到的技术要求。

（5）外观质量标准。

在机械设备修理验收时，可参照国家和有关部委等制定和颁布的一些机械设备大修通用技术条件，如金属切削机床大修通用技术条件、桥式起重机大修通用技术条件等。若有特殊要求，应按其修理工艺、图样或有关技术文件的规定执行。企业可参照机械设备通用技术条件编制本企业专用机械设备大修质量标准。没有以上标准，大修则应按照该机械设备出厂技术标准作为大修质量标准。

1.4.5 设备修理工作定额

设备修理工作定额是编制设备修理计划、组织修理业务的依据，是设备修理工艺规程的重要内容之一。合理制定修理工作定额能加强修理计划的科学性和预见性，便于做好修理前的准备，使修理工作更加经济合理。设备修理工作定额主要有设备修理复杂系数、修理劳动量定额、修理停歇时间定额、修理周期、修理间隔期、修理费用定额等。

1. 修理复杂系数

修理复杂系数又称作修理复杂单位或修理单位，是表示机器设备修理复杂程度的一个数值，据此计算修理工作量的假定单位。这种假定单位的修理工作量，是以同一类的某种机器设备的修理工作量为其代表的，它是由设备的结构特点、尺寸、大小、精度等因素决定的，设备结构越复杂、尺寸越大、加工精度越高，则该设备的修理复杂系数越大。如以某一设备为标准设备，规定其修理复杂系数为 1，则其他机器设备的修理复杂系数，便可根据它自身的结构、尺寸和精度等与标准设备相比较来确定，这样在规定出一个修理单位的劳动量定额以后，其他各种机器设备就可以根据它的修理单位来计算它的修理工作量，同时也可以根据修理单位来制定修理停歇时间定额和修理费用定额等。

2. 修理劳动量定额

修理劳动量定额指企业为完成机器设备的各种修理工作所需要的劳动时间，通常用一个修理复杂系数所需工时来表示。

3. 修理停歇时间定额

修理停歇时间定额指设备交付修理开始至修理完工验收为止所花费的时间。它是根据修理复杂系数来规定的，一般来讲修理复杂系数越大，表示设备结构越复杂，而这些设备大多是生产中的重要、关键设备，对生产有较大的影响，因此要求修理停歇时间尽可能短，以利于生产。

4. 修理周期和修理间隔期

修理周期是相邻两次大修之间机器设备的工作时间。对新设备来说，是从投产到第一次大修之间的工作时间，修理周期是根据设备的结构与工艺特性、生产类型与工作性质、维护保养与修理水平、加工材料、设备零件的允许磨损量等因素综合确定的。修理间隔期则是相邻两次修理之间机器设备的工作时间。检查间隔期是相邻两次检查之间，或相邻检查与修理之间机器设备的工作时间。

5. 修理费用定额

修理费用定额指为完成机器设备修理所规定的费用标准，是考核修理工作的费用指标。企业应讲究修理的经济效果，不断降低修理费用定额。

1.4.6 修理前的物质准备

设备修理前的物质准备是一项非常重要的工作，是保证维修工作顺利进行的重要环节和物质基础。实际工作中，经常因备品配件供应不上从而影响修理工作的正常进行，延长修理停机时间，使企业生产受到损失。因此，必须加强设备修理前的物质准备工作。

主修技术人员在编制好修换件明细表和材料明细表后，应及时将明细表交给备件、材料管理人员。备件、材料管理人员在核对库存后提出订货。主修技术人员在制定好修理工艺后，应及时把专用工具、检具明细表和图样交给工具管理人员，工具管理人员经校对库存后，把所需用的库存专用工具、检具，送有关部门鉴定。根据鉴定结果，如需修理提请有关部门安排修理，同时要对新的专用工具、检具提出订货建议。

1.4.7 机械设备维修方式

维修是指维护和修理所进行的所有工作，包括保养、修理、改装、翻修、检查、状态监控和防腐蚀处理等。维修方式一般的发展趋势是由排除故障维修走向预防性维修，再走向定期有计划检查的预防性计划修理。目前的主要趋势是在状态监测基础上的维修。

1.4.7.1 排除故障修理

排除故障修理主要是指为了排除故障、修复机械设备功能所做的工作。这种修理方式可以排除机械设备的精度故障、调整性故障、磨损性故障以及责任性故障。排除故障修理的一般步骤如下：①保持现场进行症状分析；②检查故障设备并进行评定；③确定故障部位；④修理、修复或者更换相关零部件；⑤进行设备性能测评；⑥记录维修过程并存档。

排除故障修理是在设备发生故障之后进行的修理，仅仅修复损坏的部分，所以这种维修方式修理费用比较低，对管理的要求也低。它主要的缺点是停机时间长，不适宜制造业流水线上所用设备的修理。

1.4.7.2 计划修理

计划修理主要有定期修理和预防性修理。

1. 定期修理

机械设备的零件在使用期间发生的故障具有一定的规律性，可以通过统计求得。根据零件的故障规律和寿命周期，定期修理和更换零件，可以延长零件的使用寿命，最大限度地降低故障突发率，获得更长的设备正常运转时间。

2. 预防性计划修理

预防性计划修理是把设备按其修理内容及工作量划分成几个不同的修理类别，并且确定它们之间的关系，以及确定每种修理类别的修理间隔。预防性计划修理类别主要有项修、小修、大修、定期精度调整、按状态维修等。

预防性计划修理可以达到预防为主的目的，防止和减少紧急故障的发生，使生产和修理工作都能有计划地进行，可进行长周期的计划安排。主要缺点是每台设备具体情况不同，而同种设备规定了统一的修理时间间隔，动态性差。目前仍有不少企业使用这种维修方式，预防性计划修理对重要大型设备也是必要的。

（1）项修。根据对设备进行监测与诊断的结果，或根据设备的实际技术状态，对设备精度、性能达不到工艺要求的生产线及其他设备的某些项目、部件按需要进行针对性的局部修理。项修时，一般要部分解体和检查，修复或更换损、失效的零件，必要时对基准件要进行局部削、配磨和校正坐标，使设备达到需要的精度标准和性能要求。项修的特点是停机修理时间短，甚至利用节假日就能迅速修复。这种维修方式适用于重点设备和大型生产线设备，在生产现场进行。

（2）小修。对于实行定期修理的机械设备，小修的工作内容主要是根据掌握的磨损规律，更换或修复在修理间隔期内失效或即将失效的零件，并进行调整，以保证设备的正常工作能力。对于实行状态监测维修的机械设备，小修的工作内容主要是针对日常和定期检查发现的问题，拆卸有关的零部件，进行检查、调整、更换或修复失效的零件，以恢复机械设备的正常功能。小修的工作内容还包括清洗传动系统、润滑系统、冷却系统，更换润滑油，清洁设备外观等。小修一般在生产现场进行，两班制工作的设备一年需小修一次。

（3）大修。为了全面恢复长期使用的机械设备的精度、功能、性能指标而进行的全面修理。大修是工作量最大的一种修理类别，需要对设备全面或大部分解体、清洗和检查，磨削或刮削修复基准件，全面更换或修复失效零件和剩余寿命不足一个修理间隔的零件，修理、调整机械设备的电气系统，修复附件，重新涂装，使精度和性能指标达到出厂标准。大修更换主要零件数量一般达到30%以上，大修费用一般可达到设备原值的40%～70%。

大修的修理间隔周期是：金属切削机床5～8年，起重、焊接、锻压设备3～4年。一般设备大修时可拆离基础运往机修车间修理。大型精密设备可在现场进行。

（4）定期精度调整。指对精、大、稀机床的几何精度定期进行调整，使其达到（或接近）规定标准。精度调整的周期一般为1～2年，调整时间最好安排在气温变化较小的季节，例如，在我国北方以每年的5、6月份或9、10月份为宜。

实行定期精度调整，有利于保持机床精度的稳定性，以保证加工质量。

（5）按状态维修。随着状态监测技术的发展，在设备状态监测基础上进行的维修称作按状态维修。

各种预防性维修方式都希望在设备故障发生前的最合适时机进行维修工作，但都因不能掌握设备的实际状态，往往会出现事后维修或者产生过剩维修。运用设备状态监测技术适时进行设备检查，将采集到的信息进行筛选、分析、处理，因而能够准确地了解到设备的实际状态，查找到需要修理的部位、项目，由此安排的维修更符合设备实际情况。

按设备状态进行维修的方式已经被公认为是一种新的、高效的维修方式。但是采用这种维修方式需要一些先决条件，例如故障发生不具有非常明确的规律性，监测方法和技术要能准确测试到故障发生征兆，从故障发生征兆到故障出现的潜存时间足够长，有采取措施排除故障的可能性等。具备了上述条件，状态维修才能有实效。随着状态监测及故障诊断技术的进步和实际应用经验的积累，这种维修方式的效果将会进一步提高。

1.4.7.3　其他维修方式

1. 定期有计划检查的修理

这种维修方式是通过定期有计划地进行检查，来了解设备当前的状态，发现存在的缺陷和隐患，然后有针对性地安排修理计划以排除这些缺陷和隐患，使设备的运转时间长，使用效果好，修理费用少。

这种维修方式的检查与修理安排是相互配合的一个整体。没有检查的信息，修理计划就没有了编制的依据；没有修理安排，检查就没有实际意义。定期计划检查可以了解设备的实际情况，由此安排的修理计划更符合设备的实际需要。但这种维修方式不能安排长期的修理计划。

2. 年　检

年检也叫年度整套装置停产检修，这是国内外设备维修普遍采用的方式。它是将整套装置或若干套装置在每年的一定时间中有计划地安排全面停产检修，以保证下一个年度生产正常运行。这种维修方式是由生产特点决定的，具有生产保证性。

随着状态监测技术的应用，年检内容可以更有针对性，以降低维修费用、缩短检修工期。

除了以上介绍的机械设备维修方式，还有一些其他维修方式。在设备维修中修复磨损、失效的机械零件，可以选择机械、焊接、电镀与刷镀、粘接与黏粘涂、热喷涂与喷焊以及表面强化等修复技术。

 ## 任务实施

任务名称： 根据故障诊断记录，确定修理内容和编制修理技术文件

察设备运行异常现象，分析故障修理记录、定期维护和技术状态诊断记录，确定修理内容和编制修理技术文件。对 980TDc 数控车床的 X 轴拆卸诊断、修理，查阅设备使用说明书，研读 X 轴装配图，制定修换件明细表和材料明细表后，将明细表交给备件、材料管理人员。等待备件到货后，进一步进行维修。

零件修复

任务描述

　　机械零件使用中难免会因为磨损、变形、腐蚀、断裂等原因而失效，需要采用合理的、先进的工艺对零件进行修复。零件修复是机械设备维修的一个重要组成部分，是维修工作的基础。应用各种维修新技术、新工艺是提高机械维修质量、缩短修理周期、降低修理成本、延长使用寿命的重要措施，尤其对贵重、大型零件及加工周期长、精度要求高的零件意义重大。

相关知识

1.5.1　机械零件修复工艺概述

　　在维修时，失效的机械零件大部分是可以修复的，对于磨损失效的零件，可以采用堆焊、电刷、热喷涂和喷焊等修复技术进行修复；对于机身、机架等基础件产生的裂纹，可以采用金属扣合技术进行修复。许多修复技术不仅使失效的机械零件可以重新使用，还可以提高零件的性能和延长使用寿命。在机械设备修理中充分利用修复技术，选择合理的修复工艺，可以缩短修理时间，节省修理费用，提高效益。

　　机械零件的损伤缺陷在修复时，可能有多种修复技术，但究竟选择哪一种修复技术更好，应考虑以下因素：

1. 考虑所选择的修复技术对零件材质的适应性

　　在选择修复技术时，首先应考虑该技术是否适应待修零件的材质。例如：

　　手工电弧堆焊适用于低碳钢、中碳钢、合金结构钢和不锈钢。焊剂层下电弧堆焊适用于低碳钢和中碳钢。

　　镀铬技术适用于碳素结构钢、合金结构钢、不锈钢和灰铸铁。

　　粘接修复可以把各种金属和非金属材质的零件牢固地连接起来。

　　喷涂在零件材质上的适用范围比较宽，金属零件如碳钢、合金钢、铸铁件和绝大部分有色金属件几乎都能喷涂。在金属中只有少数的有色金属喷涂比较困难，例如纯铜，另外以钨、钼为主要成分的材料喷涂也困难。

2. 考虑各种修复技术所能提供的修补层厚度

　　由于每个零件磨损的情况不同，所以需要补偿的修复层厚度也不一样，因此在选择修复技术时，应该了解各种修复技术所能达到的修补层厚度。表 1-1 为几种常见修复技术能达到的修补层厚度，可供参考。

表 1-1　几种常见修复技术能达到的修补层厚度

修复技术	修补层厚度
手工堆焊	厚度不限
埋弧堆焊	厚度不限
等离子堆焊	0.25 ~ 6 mm
镀　铁	0.1 ~ 5 mm
镀　铬	0.1 ~ 0.3 mm
喷　涂	0.2 ~ 3 mm
喷　焊	0.5 ~ 5 mm

3. 考虑修补层的力学性能

修补层的强度、硬度，修补层与零件的结合强度以及零件修理后表面强度的变化情况是评价修理质量的重要指标，也是选择修复技术的依据。表 1-2 为常见的几种修补层的力学性能，在选择修复技术时可供参考。

表 1-2　常见的几种修补层的力学性能

修理工艺	修补层本身抗拉强度/MPa	修补层与 45 钢的结合强度/MPa	零件修理后疲劳强度降低的百分数/%	硬度
镀铬	400 ~ 600	300	25 ~ 30	600 ~ 1 000 HV
低温镀铁		450	25 ~ 30	45 ~ 65 HRC
手工电弧堆焊	300 ~ 450	300 ~ 450	36 ~ 40	210 ~ 420 HBW
焊剂层下电弧堆焊	350 ~ 500	350 ~ 500	36 ~ 40	170 ~ 200 HBW
振动电弧堆焊	620	560	与 45 钢相近	25 ~ 60 HRC
银焊（含银 50%）	400	400		
铜焊	287	287		
锰青铜钎焊	350 ~ 450	350 ~ 450		217 HBW
金属喷涂	80 ~ 110	40 ~ 95	45 ~ 50	200 ~ 240 HBW
环氧（树脂粘补）		热粘 20 ~ 40　冷粘 10 ~ 20		80 ~ 120 HBW

选择修复技术时还应考虑与其修补层有关的一些问题，如修复后修补层硬度较高，虽提高了耐磨性，但加工困难；修复后修补层硬度不均匀，会使加工表面不光滑，硬度低，一般磨损较快。另外，机械零件表面的耐磨性不仅与表面硬度有关，还与金属组织、表面吸附润滑油的能力和两接触表面的磨合情况有关。如采用多孔镀铬、多孔镀铁、金属喷涂、振动电弧堆焊等修复技术均可获得多孔隙的修补覆盖层。这些孔隙能够储存润滑油，因此改善了润滑条件，使机械零件即使在短时间内缺油也不会发生表面研伤现象。采用镀铬可以使修补覆

盖层获得较高的硬度，也很耐磨，但其磨合性较差；镀铁、振动电弧堆焊、金属喷漆等所得到的修补层耐磨性与磨合性都比较好。

4. 考虑机械零件的工作状况及要求

选择修复技术时，应考虑零件的工作状况。例如，机械零件在滚动状态下工作时，两个零件的接触表面承受的接触应力较高，镀铬、喷焊、堆焊等修复技术能够适应。而机械零件在滑动状态下工作时，承受的接触应力较低，可以选择的修复技术则更为广泛。

选择修复技术时，应考虑机械零件修复后能否满足工作要求。例如，所选择的修复技术施工时温度高，则会使机械零件退火，原表面热处理性能破坏，热变形和热应力增加。例如，气焊、电焊等补焊和堆焊技术，在操作时会使机械零件受到高温影响，所以这些技术只适用于未淬火的零件、焊后有加工整形工序的零件以及焊后进行热处理的零件。

5. 考虑生产的可行性

选择修复技术应考虑生产的可行性，应结合企业修理车间现有装备状况、修复技术水平以及维修生产管理机制选择修复技术。

6. 考虑经济性

选择修复技术应考虑经济性。应将零件中的修复成本和零件修复后使用寿命两方面结合起来综合评价和衡量修复技术的经济性。

在生产中还需考虑因备件短缺而停机停产带来的经济损失。这时即使所采用的修复技术的修复成本高，也还是划算的。相反，有一些易加工的简单零件，有时修复还不如更换经济。

1.5.2　零件修理工艺规程的拟定

为保证机械零件修理质量以及提高生产率和降低成本，需要在零件修理之前拟定零件修理工艺规程。拟定机械零件修理工艺规程的主要依据是零件的工作状况和技术要求、企业设备状况和修理技术水平、生产经验和有关试验总结以及有关技术文件等。

1. 拟定机械零件修理工艺的注意事项

（1）在考虑怎样修复表面时，还要注意保护不修理表面的精度和材料的力学性能不受影响。

（2）注意有些修复技术（如堆焊）会引起零件的变形。安排工序时应将产生较大变形的工序安排在前面，并增加校正工序，将精度要求高、表面粗糙度值要求小的工序尽量安排在后面。

（3）零件修理加工时须预先修复定位基准或给出新的定位基准。

（4）有些修复技术可能导致机械零件产生细微裂纹，应注意安排提高疲劳强度的工艺措施和采取必要的探伤检验等手段。

（5）修复高速运动的机械零件，应考虑安排平衡工序。

2. 编制机械零件修理工艺规程的过程

（1）熟悉零件的材料及其力学性能、工作情况和技术要求；了解损伤部位、损伤性质（磨损、腐蚀、变形、断裂）和损伤程度（磨损量大小、磨损均匀程度、裂纹深浅及长度）；了解企业设备状况和技术水平；明确修复的批量。

（2）确定零件修复的技术、方法，分析零件修复中的主要问题并提出相应措施。安排修复技术的工序，提出各工序的技术要求、规范、工艺设备、质量检验。

（3）征询有关人员意见并进行必要的试验，在试验分析基础上填写修理技术规程卡片，经主管领导批准后执行。

1.5.3　常用的零件修复技术

零件修复技术常用的有机械修复技术、焊接修复技术、电镀修复技术、粘接与粘涂修复技术、热喷涂与喷焊技术、表面强化技术。

1. 机械修复技术

机械修复技术是利用切削加工、机械连接和机械变形等各种机械方法，使失效的机器零件得以恢复的办法。常用的机械修复技术有修理尺寸法、镶装零件法、局部换修法和金属扣合法。

2. 焊接修复技术

利用焊接方法修复失效零件的技术称作焊接修复技术。用于恢复零件尺寸、形状，并使零件表面获得特殊性能熔敷金属时称作堆焊。焊接修复技术应用广泛，可用堆焊修复磨损失效的零件，可校正零件的变形。它具有焊修质量好、效率高、成本低等特点。但由于焊接方法容易产生焊接变形和应力，一般不宜修复精度要求较高、薄壳和细长类零件。另外，焊接修复技术的应用受到了焊接时产生的气孔、夹渣、裂纹等缺陷及零件焊接性能的影响。但随着焊接修复技术的进步，它的缺点大部分可以克服。

3. 电镀修复技术

电镀是利用电解的方法，使金属或合金在零件基体表面沉积，形成金属镀层的一种表面加工技术。常用的电镀修复技术有槽镀和电刷镀。

4. 粘接与粘涂修复技术

采用胶粘剂进行连接达到修复目的的技术就是粘接修复技术。粘接技术可以把各种金属和非金属零件牢固地连接起来，达到较高的强度要求，可以部分代替焊接、铆接、过盈连接和螺栓连接。粘接技术操作简单，成本低廉，粘接层密封防腐性能好，耐疲劳强度高，因此得到广泛应用。但是粘接技术由于胶粘剂不耐高温，粘接层耐老化性、耐冲击性、抗剥离性差等原因，限制了它的应用。

5. 热喷涂与喷焊技术

用高温热源将喷涂材料加热至熔化状态，通过高速气流使其雾化并喷射到经过预处理的零件表面，形成一层覆盖层的过程称作热喷涂。将喷涂层继续加热，使之达到熔融状态而与基体形成冶金结合，获得牢固的工作层称作喷焊。

6. 表面强化技术

机械零件的失效大多发生于零件表面，机械零件的修复不仅仅要恢复零件表面的形状和尺寸，还要提高零件表面的硬度、强度、耐磨性和耐腐蚀性等性能。采用表面强化技术可以使零件表面获得比基本材料更好的性能，可以延长零件的使用寿命。在机械设备维修中常用的表面强度技术主要有表面机械强化、表面热处理强化、激光表面处理和电火花表面强化。

 任务实施

任务名称： 修复某飞机发动机舱内的一根金属管道出现的裂纹

传统的修复方式可能需要拆卸整个发动机，并从零件库存中找到一根与原始管道相似的零件进行替换。然而，使用增材制造技术，可以仅仅将管道的受损部分割除，并使用 3D 打印技术或激光熔化沉积技术将新的金属材料添加到剩余的管道上，以修复裂纹。这种修复方式不仅可以节省时间和成本，还可以提高修复零件的精度和质量。

增材制造技术在修复领域的应用非常广泛，可以在飞机制造、医疗等领域实现更高效、个性化的修复方案。随着技术的不断进步，相信增材制造技术将会在修复领域发挥更大的效能。

思考与练习

1. 什么是机械设备故障？列举故障的主要类型。
2. 故障发生的主要规律是什么？
3. 零件磨损的主要类型及特点是什么？
4. 故障诊断技术主要有几种？各自的特点分别是什么？
5. 列举出主要的零件修复技术。
6. 在传统修复方法的学习过程中，也要注重新技术的学习，通过互联网资料查找，整理关于增材制造的案例，并在下次课程中进行展示。

常用机床电气控制线路维修

项目引领

随着现代工业技术的迅猛发展，机床作为制造业的核心装备，其电气控制系统的可靠性、安全性和高效性显得尤为重要。电气控制线路作为机床的大脑和神经，其稳定运行直接关系到机床的整体性能和加工精度。因此，对常用机床电气控制线路的维修与保养成为了保证机床高效运行、延长使用寿命的关键环节。

本项目旨在通过对 CA6140 卧式车床、X62 型卧式万能升降台铣床以及 T68 型卧式镗床等机床的电气控制线路进行维修与调试，提升对机床电气控制系统的理解能力和实际操作技能。通过实践操作，掌握常用低压电器的维修方法、机床电气控制线路的工作原理、故障诊断与排除技巧，以及电气控制系统的调试与优化方法。

学习目标

知识目标	能力目标	素质目标
1. 熟悉低压电器的常见故障； 2. 熟悉维修常用工具的使用方法； 3. 掌握典型普通机床 CA6140 车床，X62W 万能铣床和 T68 镗床的电路原理。	1. 能根据故障现象使用有效的诊断方法，选择恰当的诊断工具； 2. 能根据项目要求实现电气设备的正确维修； 3. 掌握典型普通机床的电路分析方法。	1. 具有良好的安全用电习惯； 2. 具有文明操作的良好习惯，能严格执行行业标准和规范。

常用低压电器维修

凡是根据外界特定信号或要求，自动或手动接通和断开电路，继续或连续地改变电路参数，实现对电路或非电现象的切换、控制、保护、检测和调节的电气设备均称作电器。根据工作电压的高低，电器可分为高压电器和低压电器。工作在交流额定电压 1 200 V 及以下、直流额定电压 1 500 V 及以下的电器称作低压电器。低压电器作为基本器件，广泛应用于输配电系统和电力拖动系统中，在工业生产、交通运输和国防工业中起着极其重要的作用。

随着科学技术的迅猛发展，工业自动化程度不断提高，供电系统的容量不断扩大，低压电器的使用范围也日益扩大，其品种规格不断增加，产品的更新换代速度加快。由于低压电器在长时间工作过程中，经常会由于使用维护不当或元器件老化等问题，这就需要作业特别是维修人员了解低压电器的工作原理，熟悉其结构，以便于维修。

本任务主要介绍常用低压电器的工作原理、结构，各种低压电器的合理选用及安装，使用过程中容易出现的故障、产生的原因及维修方法等。

任务描述

某交流接触器出现故障，现需对其进行故障诊断及维修。

任务要求：分析常见交流接触器的结构和工作原理；选用恰当的检测工具，选择合适的检测方法对其进行故障诊断及维修。

相关知识

2.1.1 常用低压电器

2.1.1.1 交流接触器

如图 2-1 所示，交流接触器是一种自动接通或断开大电流电路的电器，可以频繁地接通或断开交流电路，并可实现远距离控制。其主要控制对象是电动机，也可用于控制电热

图 2-1　交流接触器

设备、电焊机、电容器组等其他负载，具有低电压释放保护功能。交流接触器具有控制容量大、过载能力强、寿命长、设备简单经济等特点，是电力拖动自动控制电路中使用最广泛的低压电器。

1. 交流接触器的基本结构

交流接触器主要由电磁系统、触点系统、灭弧装置、绝缘外壳及附件等部分组成。

（1）电磁系统

电磁系统包括吸引线圈、动铁芯和静铁芯。

（2）触点系统

触头系统包括 3 组主触点和 1～2 组常开、常闭辅助触点，它和动铁芯是连在一起互相联动的。

（3）灭弧装置

一般容量较大的交流接触器都设有灭弧装置，便于迅速切断电弧，防止主触点被烧坏。

（4）绝缘外壳及附件

具体包括各种弹簧、传动机构、短路环、接线柱等。

2. 交流接触器的工作原理

当线圈通电时，静铁芯产生电磁吸力，将动铁芯吸合，由于触点系统是与动铁芯联动的，因此动铁芯带动三条动触片同时运行，触点闭合，从而接通电源。当线圈断电时，吸力消失，动铁芯联动部分依靠弹簧的反作用力而分离，使主触点断开，切断电源。

交流接触器利用主触点来开闭电路，用辅助触点来执行控制指令。

主触点一般只有常开触点，而辅助触点有两对具有常开和常闭功能的触点，小型的接触器也经常作为中间继电器配合主电路使用。

交流接触器的工作原理可以概括为：线圈通电，触点动作。"动作"意思是指跟触点在原理图中的状态是相反的，常开触点闭合，常闭触点断开。

交流接触器的触点由银钨合金制成，具有良好的导电性和耐高温烧蚀性。

交流接触器的动作动力来源于交流电磁铁，电磁铁由两个"山"字形的硅钢片叠成，其中一个固定，其上套上线圈，工作电压有多种供选择。为了使磁力稳定，铁芯的吸合面，需加上短路环。交流接触器在失电后，依靠弹簧复位。另一个是活动铁芯，构造和固定铁芯一样，用以带动主接点和辅助接点的开断。20 A 以上的接触器加有灭弧罩，利用断开电路时产生的电磁力，快速拉断电弧，以保护接点。

交流接触器制作为一个整体，外形和性能也在不断提高，但是功能始终不变。无论技术发展到什么程度，普通的交流接触器还是有其重要的地位。

3. 交流接触器的型号含义

GSK980TDc 数控机床采用的是施耐德交流接触器，它的型号含义设置如图 2-2 所示。

A: LC —— 交流控制线圈。

LP —— 直流控制线圈。

B: 1 —— 单个接触器。

2 —— 可逆接触器组。

3 —— 星三角接触器组。

C: D —— D2序列产品。

D: 09 —— 电流规格（A）：06, 09, 12, 18, 25, 32, 38, 40, 50, 65, 80, 95, 115, 150, 170, 205, 245, 300, 410, 475, 620。

E: 1 —— 常开触点数。

F: 0 —— 常闭触点数。

G: M —— 线圈电压代号。B, CC, D, E, F, M, P, U, Q, V, N, R, S, Y分别对应 24, 36, 42, 48, 110, 220, 240, 380, 400, 415, 440, 500, 660。

H: 5 —— 50 Hz线圈。

图 2-2　GSK980TDc 数控机床的交流接触器的型号含义

4. 交流接触器的常见故障及处理方法

（1）触头的故障及维修

交流接触器触点的常见故障及处理方法见表 2-1。

表 2-1　交流接触器触点的常见故障及处理方法

序号	故障现象	产生原因	处理方法
1	触头过度磨损	（1）用于反接制动、点动、频繁操作时，触头容量不足； （2）三相触头动作不同步，磨损不均匀； （3）负载侧短路	（1）应降容使用或改用重任务接触器； （2）调整至同步； （3）排除短路成因，更换触头
2	触头熔焊	（1）过载或操作频率过高； （2）负载侧短路； （3）闭合过程中触头跳动时间过长或释放过程中有反弹现象； （4）触头弹簧压力不足或超程过小； （5）触头表面有异物或金属颗粒； （6）触头严重退火，硬度降低； （7）操作回路电压过低或机械卡住，使触头停顿在刚接触位置而熔焊	（1）选用较大容量的接触器； （2）排除短路故障，更换触头； （3）查明原因，排除故障因素（如线圈供电电压过高；打开位置限位的缓冲垫块失效）； （4）更换弹簧和触头； （5）清理与修锉触头表面； （6）检查电流大小，消除退火起因并更换触头； （7）提高操作电源电压或排除机械卡住现象，使触头可靠吸合

序号	故障现象	产生原因	处理方法
3	触头过热与灼伤	（1）操作频率过高或工作电流过大； （2）环境温度过高（超过 40 ℃）或用于密封控制柜中； （3）触头弹簧压力不足或超程过小； （4）触头表面接触不良或严重烧损； （5）铜触头用于长期工作制	（1）查明负载过重的原因，并采取适当的限制措施或更换较大容量的接触器； （2）接触器应降容使用； （3）调换弹簧和触头； （4）清理与修锉触头表面，过于严重者，应更换触头； （5）长期使用时应降容使用或改用镀银、银基合金触头

（2）电磁系统的故障及维修

交流接触器电磁系统的常见故障及处理方法见表 2-2。

表 2-2　交流接触器电磁系统的常见故障及处理方法

序号	故障现象	产生原因	处理方法
1	通电后不吸合或不能完全吸合	（1）操作回路的电源电压过低，容量不足或发生断线、配线错误及控制触头不良； （2）线圈内部断线或烧毁，接线头松动或表面有漆膜； （3）线圈规格与使用条件不符； （4）机械可动部位有卡住现象（如转轴轴颈生锈、零件变形歪斜等）； （5）触头弹簧压力或超程过大； （6）错装或漏装有关零件	（1）调高电源电压、增加电源容量、更换线路及修复控制触头； （2）修复或更换线圈，紧固接线头或刮除接线头表面漆膜； （3）更换合适线圈； （4）去除锈垢，加润滑油；修复或更换受损零件、调整装配位置； （5）按技术条件调整或更换弹簧； （6）检修时，拆下零件应妥善保管；发现错误及时更正
2	断电不释放或释放缓慢	（1）触头弹簧或反力弹簧压力过小； （2）触头熔焊； （3）铁芯极面附着油污或尘埃； （4）铁芯剩磁较大；交流电磁系统因 E 形铁芯过分磨损，去磁气隙消失；直流电磁系统因非磁性垫片漏装或太薄； （5）机械可动部位被卡住	（1）更换弹簧； （2）排除熔焊成因，修锉触头表面或更换触头； （3）清理铁芯极面； （4）在交流 E 形铁芯中柱极面上磨去约 0.15 mm，加大去磁气隙，或者更换新铁芯；对直流铁芯应加装或加厚非磁性垫片； （5）排除机械卡住现象
3	线圈过热或烧坏	（1）电源电压过高或过低； （2）线圈技术参数与实际使用不符，操作频率过高； （3）线圈制造不良或机械损伤导致绝缘损坏，甚至匝间短路； （4）交流铁芯极面不平或中柱去磁气隙过大； （5）运动部分卡住，铁芯吸力不足； （6）使用环境特殊（如潮湿、含腐蚀性气体或环境温度过高）；	（1）调整电源电压； （2）按实际使用调换线圈或操作频率过高时放大线圈线径； （3）更换线圈或消除引起机械损伤的故障； （4）磨平或更换铁芯； （5）排除卡住现象； （6）选用特殊设计线圈（如湿热型线圈等）；

序号	故障现象	产生原因	处理方法
3	线圈过热或烧坏	（7）交流接触器派生直流操作的双线圈，因常闭联锁触头熔焊不释放而使起动线圈过热烧坏	（7）调整联锁触头参数，消除熔焊故障，并更换受损线圈
4	交流电磁铁噪声大、振动明显	（1）铁芯极面生锈、有污垢、有毛刺或过度磨损而极面不平； （2）短路环松脱或断裂； （3）可动部位有卡住现象，使铁芯无法吸平； （4）触头弹簧压力过大； （5）零件装配不当（如夹紧螺钉松动、漏装缓冲弹簧）； （6）电源电压偏低	（1）清理极面、去除毛刺、磨平极面或更换铁芯； （2）装紧短路环或断裂处焊牢； （3）排除卡住现象； （4）更换弹簧； （5）正确装配有关零件； （6）调整电源电压
5	相间短路	（1）尘埃堆积或沾有水汽、油污、使绝缘变坏； （2）灭弧罩碎裂或其他零部件损坏； （3）可逆转换的接触器联锁不可靠，致使两台接触器同时运行；或因燃弧时间长、转换时间短而在转换过程中发生电弧短路	（1）经常清理、保持清洁； （2）更换损坏零件； （3）检查辅助触头与机械联锁；在控制回路上加装中间环节或调换动作时间长的接触器

2.1.1.2 继电器

1. 继电器的工作原理

继电器是利用各种物理量的变化，将电量或非电量信号转化为电磁力或使输出状态发生阶跃变化，从而通过其触点或突变量促使在同一电路或另一电路中的其他器件或装置动作的一种控制元件。它用于各种控制电路中进行信号传递、放大、转换、联锁等，控制主电路和辅助电路中的器件或设备按预定的动作程序进行工作，实现自动控制和保护的目的。

常用的继电器按动作原理可分为电磁式、磁电式、感应式、电动式、光电式、压电式、热继电器与时间继电器等。按激励量不同又可分为交流、直流、电压、电流、中间、时间、速度、温度、压力、脉冲继电器等。

2. 常用继电器的介绍

（1）中间继电器

如图 2-3 所示，中间继电器用于继电保护与自动控制系统中，具体有两个作用：增加触点的数量及容量，在控制电路中传递中间信号。中间继电器的结构和原理与交流接触器基本相同，与接触器的主要区别在于：接触器的主触点可以通过大电流，而中间继电器的触点只能通过小电流。它一般是没有主触点的，因为过载能力比较小。它用的全部都是辅助触点，数量比较多。新国标对中间继电器的定义是 K，老国标是 KA。

① 基本结构

中间继电器结构和交流接触器一样，都是由固定铁芯、动铁芯、弹簧、动触点、静触点、线圈、接线端子和外壳组成。

②　工作原理

中间继电器的工作原理和接触器是一样的，可以用"线圈通电，触点动作"来概括。GSK980TDc 数控机床用的继电器主要就是图 2-3 所示的中间继电器。

图 2-3　中间继电器

中间继电器结构和工作原理与接触器类似，只是中间继电器的触点无主、辅触点之分，触点容量相同；且触点容量较小，无需灭弧装置。中间继电器的常见故障及处理方法可参照交流接触器。

（2）热继电器

如图 2-4 所示，热继电器主要用于电动机的过载保护、断相保护、电流不平衡运行的保护及其电气设备发热状态的控制。

图 2-4　热继电器

①　基本机构

热继电器主要由热元件、动作结构、触点系统、电流整定装置、复位机构和温度补偿元件等组成。

②　工作原理

热继电器是电流通过发热元件加热使双金属片弯曲，推动执行机构动作的电器，主要用来保护电动机或其他负载免于过载以及作为三相电动机的断相使用。

③　热继电器的常见故障及处理方法

常见故障及处理方法见表 2-3。

表 2-3　热继电器的常见故障及处理方法

序号	故障现象	产生原因	处理方法
1	热元件烧断	（1）负载侧短路，电流过大； （2）操作频率过高	（1）排除故障，更换热继电器； （2）更换合适参数的热继电器
2	热继电器不动作	（1）热继电器的额定电流值选用不合适； （2）整定值偏大； （3）动作触头接触不良； （4）热元件烧断或脱焊； （5）动作机构卡阻； （6）导板脱出	（1）按保护容量合理选用； （2）合理调整整定值； （3）消除触头接触不良因素； （4）更换热继电器； （5）消除卡阻因素； （6）重新放入并调试
3	热继电器动作不稳定，快慢不均	（1）热继电器内部机构某些部件松动； （2）在检修中弯折了双金属片； （3）通电电流波动太大，或接线螺钉松动	（1）将这些部件加以紧固； （2）用两倍电流预试几次或将双金属片拆下来热处理以去除内应力； （3）检查电源或拧紧接线螺钉
4	热继电器动作太快	（1）整定值偏小； （2）电动机起动时间过长； （3）连接导线太细； （4）操作频率太高； （5）使用场合有强烈冲击和振动； （6）可逆转换频繁； （7）安装热继电器处与电动机处环境温差太大	（1）合理调整整定值； （2）按起动时间要求，选择具有合适的可返回时间的热继电器或在起动过程中将热继电器短接； （3）选用标准导线； （4）更换型号； （5）选用带防护振动冲击的或采取防振措施； （6）改用其他保护方式； （7）按两地温差情况配置适当的热继电器
5	主电路不通	（1）热元件烧断； （2）接线螺钉松动或脱落	（1）更换热元件或热继电器； （2）紧固接线螺钉
6	控制电路不动作	（1）触头烧坏或动触头片弹性消失； （2）可调整式旋钮转到了不合适的位置； （3）热继电器动作后未复位	（1）更换触头或弹簧片； （2）调整旋钮或螺丝钉； （3）按动复位按钮

（3）时间继电器

如图 2-5 所示，时间继电器是一种利用电磁原理或机械动作原理实现触点延时接通或断开的自动控制电器，广泛用于需要按时间顺序进行控制的电气控制线路中。

① 基本机构

时间继电器由电磁系统、延时机构和触点系统三部分组成。

② 工作原理

线圈通电时，由于延时机构的作用，衔铁缓慢吸合，触点延时动作，延时的时间即时间继电器设定的时长。

随着电子技术的发展，电子式时间继电器在时间继电器中已成为主流产品，采用大规模集成电路技术的电子智能式数字显示时间继电器，具有多种工作模式，不但可以实现长延时时间，而且延时精度高，体积小，调节方便，使用寿命长，使得控制系统更加简单可靠。

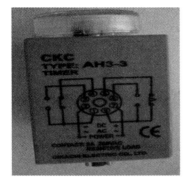 

图 2-5　时间继电器

③ 时间继电器的常见故障及处理方法

常见故障及处理方法见表 2-4。

表 2-4　时间继电器的常见故障及处理方法

序号	故障现象	产生原因	处理方法
1	延时触头不动作	（1）电磁线圈断线； （2）电源电压过低； （3）传动机构卡住或损坏	（1）更换线圈； （2）调高电源电压； （3）排除卡住故障或更换部件
2	延时时间缩短	（1）气室装配不严、漏气； （2）橡皮膜损坏	（1）修理或更换气室； （2）更换橡皮膜
3	延时时间变长	气室内有灰尘，使气道阻塞	清除气室内灰尘，使气道畅通

2.1.1.3　低压断路器

如图 2-6 所示，低压断路器又称自动开关或空气开关。它相当于刀开关、熔断器、热继电器和欠电压继电器的组合，是一种既有手动开关功能又能自动进行欠压、失压、过载和短路保护的电器。

图 2-6　低压断路器

1. 低压断路器的结构

低压断路器由操作机构、触点、保护装置（各种脱扣器）、灭弧系统等组成。

2. 低压断路器的工作原理

低压断路器的工作原理如图 2-7 所示，低压断路器的主触点是靠手动操作或电动合闸的。主触点闭合后，自由脱扣机构将主触点锁在合闸位置上。过电流脱扣器的线圈和热脱扣器的热元件与主电路串联，欠电压脱扣器的线圈和电源并联。当电路发生短路或严重过载时，过电流脱扣器的衔铁吸合，使自由脱扣机构动作，主触点断开主电路。当电路过载时，热脱扣器的热元件发热使双金属片向上弯曲，推动自由脱扣机构动作。当电路欠电压时，欠电压脱扣器的衔铁释放，也使自由脱扣机构动作。分励脱扣器则作为远距离控制使用，在正常工作时，其线圈是断电的，在需要距离控制时，按下起动按钮，使线圈通电，衔铁带动自由脱扣机构动作，使主触点断开。

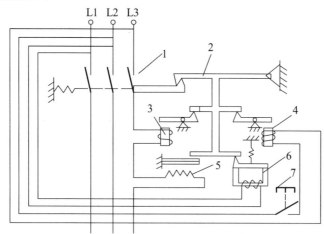

1—主触点；2—自由脱扣机构；3—过电流脱扣器；4—分励脱扣器；

5—热脱扣器；6—欠电压脱扣器；7—停止按钮。

图 2-7　低压断路器的工作原理图

3. 低压断路器的选用原则

以常用来作配电电路和电动机的过载与短路保护低压断路器为例，其选用原则是：

（1）断路器额定电压等于或大于线路额定电压。

（2）断路器额定电流等于或大于线路或设备额定电流。

（3）断路器通断能力等于或大于线路中可能出现的最大短路电流。

（4）欠压脱扣器额定电压等于线路额定电压。

（5）分励脱扣器额定电压等于控制电源电压。

（6）长延时电流整定值等于电动机额定电流。

（7）瞬时整定电流：对保护笼型感应电动机的断路器，瞬时整定电流为 8～15 倍电动机的额定电流；对于保护绕线型感应电动机的断路器，瞬时整定电流为 3～6 倍电动机的额定电流。

（8）6倍长延时电流整定值的可返回时间等于或大于电动机实际起动时间。

4. 型号及含义

GSK980TDc 数控机床选用的是正泰低压断路器，其型号的具体含义，如图2-8所示。

DZ 47-60
壳架等级额定电流
设计序号
塑料外壳式断路器

图 2-8　低压断路器型号及含义

5. 低压断路器的常见故障及处理方法

低压断路器的常见故障及处理方法见表2-5。

表 2-5　低压断路器的常见故障及处理方法

序号	故障现象	产生原因	处理方法
1	不能合闸	（1）欠压脱扣器无电压或线圈损坏； （2）储能弹簧变形； （3）反作用弹簧力过大； （4）机构不能复位再扣	（1）检查施加电压或更换线圈； （2）更换储能弹簧； （3）重新调整； （4）调整脱扣接触面至规定值
2	电流达到整定值，断路器不动作	（1）热脱扣器双金属片损坏； （2）电磁脱扣器的衔铁与铁芯距离太大或电磁线圈损坏； （3）主触头熔焊	（1）更换双金属片； （2）调整衔铁与铁芯的距离或更换断路器； （3）检查原因并更换主触头
3	起动电动机时断路器立即分断	（1）电磁脱扣器瞬动整定值过小； （2）电磁脱扣器某些零件损坏	（1）调高整定值到规定值； （2）更换脱扣器
4	断路器闭合后经一定时间自行分断	热脱扣器整定值过小	调高整定值到规定值
5	断路器温升过高	（1）触头压力过小； （2）触头表面过分磨损或接触不良； （3）两个导电零件连接螺钉松动	（1）调整触头压力或更换弹簧； （2）更换触头或修整接触面； （3）重新拧紧

2.1.1.4　熔断器

如图 2-9 所示，熔断器是一种当电流超过规定值一定时间后，以它本身产生的热量使熔体熔化而分断电路的电器，广泛应用于低压配电系统及用电设备中作短路和过电流保护。

图 2-9　熔断器

1. 基本机构

熔断器主要由熔体、安装熔体的熔管和熔座三部分组成。

2. 工作原理

熔体串接于被保护的电路中，当电路发生短路故障时，熔体被瞬时熔断而分断电路，起到保护作用。其工作原理为电流热效应，即正常时电流等于额定电流→温度高于熔点→熔体不熔断；短路时电流大于或远大于额定电流→温度高于熔点→熔体熔断→切断电路。电流大于额定电流时，电流大小和熔体的熔断时间是负相关的，保护特性如图 2-10 所示。

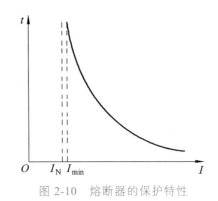

图 2-10　熔断器的保护特性

3. 熔断器的选用原则

① 根据使用条件确定熔断器的类型。

② 首先选定熔体的规格，然后再根据熔体去选择熔断器的规格。

③ 熔断器的保护特性应与被保护对象的过载特性有良好的配合。

④ 在配电系统中，各级熔断器应相互匹配，一般上一级熔体的额定电流要比下一级熔体的额定电流大 2~3 倍。

⑤ 对于保护电动机的熔断器，应注意电动机起动电流的影响。熔断器一般只作为电动机的短路保护，过载保护应采用热继电器。

⑥ 熔断器的额定电流应不小于熔体的额定电流，额定分断能力应大于电路中可能出现的最大短路电流。

4. 熔断器和热继电器的异同

熔断器主要用于短路保护，热继电器主要用于过载保护。

（1）不同点

① 熔断器主要用于短路保护，热继电器用于过载保护。

② 熔断器利用的是热熔断原理，要求熔体有较高的熔断系数。

③ 热继电器利用的是热膨胀原理，要求双金属片有较高的膨胀系数。

④ 热继电器保护有较大的延迟性，而短路保护要求熔断器的动作必须具有瞬时性。

（2）相同点

都属于电流保护电器，都具有反时限特性。

5. 熔断器常见故障及处理方法

熔断器常见故障及处理方法见表 2-6。

表 2-6　熔断器常见故障及处理方法

序号	故障现象	产生原因	处理方法
1	电路接通瞬间，熔体熔断	（1）熔体电流等级选择过小； （2）负载侧短路或接地； （3）熔体安装时受机械损伤	（1）更换熔体； （2）排除负载故障； （3）更换熔体
2	熔体未见熔断，但电路不通	熔体或接线座接触不良	重新连接

2.1.1.5　主令电器

主令电器主要用来接通或断开控制电路，以发布命令或信号，改变控制系统工作状况的电器。常用的主令电器有控制按钮、行程开关、万能转换开关、主令控制器等。

1. 控制按钮

如图 2-11 所示，控制按钮是常见的电气元件，按下按钮，触点动作；松开按钮，触点复位。一般按钮上有一组常开触点，一组常闭触点。控制按钮的结构和电气符号如图 2-12 所示。

图 2-11　控制按钮

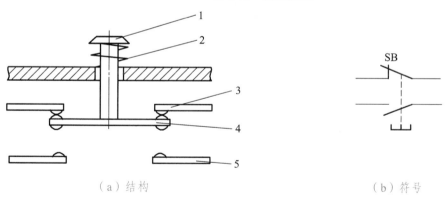

（a）结构　　　　　　　　　　　　　　　　　（b）符号

1—按钮帽；2—复位弹簧；3—常闭静触点；4—动触点；5—常开静触点。

图 2-12　控制按钮的结构和电气符号

按钮的常见故障及处理方法见表 2-7。

表 2-7　按钮的常见故障及处理方法

序号	故障现象	产生原因	处理方法
1	触点接触不良	（1）触头烧损； （2）触头表面有尘垢； （3）触头弹簧失效	（1）修整触头或更换； （2）清洁触头表面； （3）重绕弹簧或更换

序号	故障现象	产生原因	处理方法
2	触点间短路	（1）塑料受热变形，导致接线螺钉相碰短路； （2）杂物或油污在触头间形成通路	（1）更换并查明发热原因，如灯泡发热所致，可降低电压； （2）清洁按钮内部

2. 行程开关

如图 2-13 所示，行程开关又称限位开关，可将机械位移转变为电信号控制机械运动。行程开关按运动形式分为直动式、转动式；按结构分为直动式、滚动式、微动式。

图 2-13　行程开关

行程开关的内部结构和按钮是类似的，只是适用场合不一样，如图 2-14 所示。

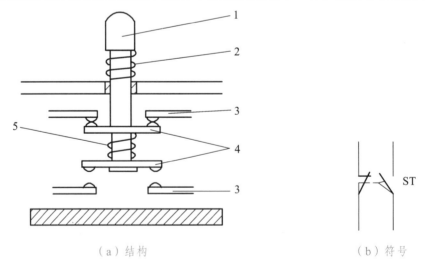

（a）结构　　　　　　　　　　　（b）符号

1—推杆；2—弹簧；3—常闭静触点；4—动触点；5—常开静触点。

图 2-14　行程开关的内部结构和电气符号

行程开关的常见故障及处理方法见表 2-8。

表 2-8　行程开关的常见故障及处理方法

序号	故障现象	产生原因	处理方法
1	挡铁碰撞位置开关后，触头不动作	（1）安装位置不准确； （2）触头接触不良或接线松脱； （3）触头弹簧失效	（1）调整安装位置； （2）清刷触头或紧固接线； （3）更换弹簧
2	杠杆已经偏转，或无外界机械力作用，但触头不复位	（1）复位弹簧失效； （2）内部撞块卡阻； （3）调节螺钉太长，顶住开关按钮	（1）更换弹簧； （2）清扫内部杂物； （3）检查调节螺钉

3. 接近开关

如图 2-15 所示，接近开关是一种非接触式的检测装置，能检测金属物或非金属物（仅对光电式接近开关）存在与否，只要当运动的物体接近它一定距离时就能发出接近信号，以控制运动物体的位置。接近开关不等于行程开关，它具有计数作用。接近开关和行程开关的作用是一样的，只是行程开关需要元器件有实际的接触，而接近开关是靠传感器来控制电路的通断。

图 2-15　接近开关

2.1.2　电气故障检测工具

由于现代机电设备的控制线路如同神经网络一样遍布于设备的各个部分，并有大量的导线和各种不同的元器件存在，给电气系统故障排查带来了很大困难，使之成为一项技术性很强的工作。因此，要求维修人员在进行故障排查前做好充分准备。通常准备工作的内容有：

（1）根据故障现象对故障进行充分的分析和判断，制定切实可行的检修方案。这样做可以减少检修中盲目行动和乱拆乱调现象，避免原故障未排除，又造成新故障的情况发生。

（2）研读设备电气控制原理图，掌握电气系统的结构组成，熟悉电路的动作要求和顺序，明确各控制环节的电气过程，为迅速排除故障做好技术准备。实际操作过程中为了便于电气控制原理图的阅读和检修中使用，通常对图纸要进行分区处理，即将整张图样的图面按电路功能划分为若干（一般为偶数）个区域，图区编号用阿拉伯数字写在图的下部；用途栏放在图的上部，用文字说明；图面垂直分区用英文字母标注。

（3）准备好电气故障维修用的各种仪表工具。

1. 验电器

如图 2-16 所示，验电器又称试电笔，分低压和高压两种，在机床电气设备检修时使用的为低压验电器。它是检验导线、电器和电气设备是否带电的一种电工常用工具。低压验电器的测试电压范围为 60 ~ 500 V，其外形及结构如图 2-17 所示。使用验电器时，应以手指触及笔尾的金属体，使氖管小窗背光朝向自己，正确使用方法如图 2-18 所示。

验电器除可测试物体的带电情况外，还有以下用途：

（1）用于区别电压的高低。测试时，可根据氖管发光的强弱程度来估计电压的高低。

（2）用于区别直流电与交流电。交流电通过验电器时，氖管里的两个极同时发光；直流电通过验电器时，氖管里只有一极发光。

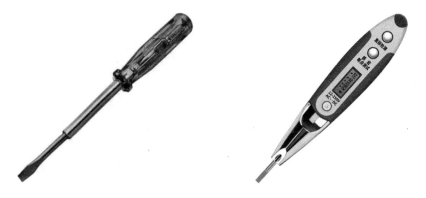

图 2-16　验电笔

（3）用于区别直流电的正负极。把验电器连接在直流电路的正负极之间，氖管发光的一端为直流电的正极。

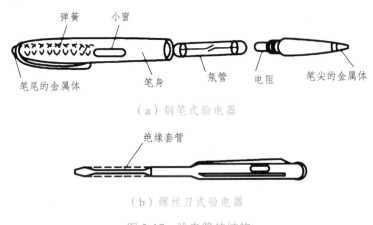

（a）钢笔式验电器

（b）螺丝刀式验电器

图 2-17　验电笔的结构

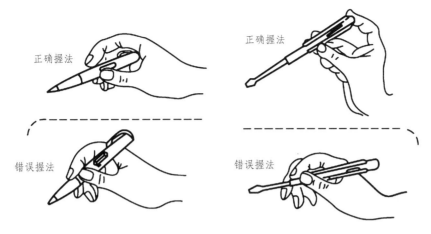

图 2-18 验电笔的握法

2. 万用表

如图 2-19 所示，万用表是一种带有整流器的可以测量交直流电流、电压及电阻等多种电学参量的磁电式仪表。对于每一种电学参量，一般都有几个量程，故又称作多用电表或简称多用表。万用表是由磁电系电流表（表头）、测量电路和选择开关等组成的。通过选择开关的变换，可方便地对多种电学参量进行测量。其电路计算的主要依据是闭合电路欧姆定律。万用表种类很多，使用时应根据不同的要求进行选择。

图 2-19 万用表

（1）操作规程

① 使用前应熟悉万用表的各项功能，根据被测量的对象，正确选用挡位、量程及表笔插孔。

② 在对被测数据大小不明时，应先将量程开关，置于最大值，而后由大量程往小量程挡处切换，使仪表指针指示在满刻度的 1/2 以上处即可。

③ 测量电阻时，在选择了适当倍率挡后，将两表笔相碰使指针指在零位，如指针偏离零位，应调节"调零"旋钮，使指针归零，以保证测量结果准确。如不能调零或数显表发出低电压报警，应及时检查。

④ 在测量某电路电阻时，必须切断被测电路的电源，不得带电测量。

⑤ 使用万用表进行测量时，要注意人身和仪表设备的安全，测试中不得用手触摸表

笔的金属部分，不允许带电切换挡位开关，以确保测量准确，避免发生触电和烧毁仪表等事故。

（2）使用注意事项

① 在使用万用表之前，应先进行"机械调零"，即在没有被测电量时，使万用表指针指在零电压或零电流的位置上。

② 在使用万用表过程中，不能用手去接触表笔的金属部分，这样一方面可以保证测量的准确，另一方面也可以保证人身安全。

③ 在测量某一电量时，不能在测量的同时换挡，尤其是在测量高电压或大电流时，更应注意。否则，会使万用表毁坏。如需换挡，应先断开表笔，换挡后再去测量。

④ 万用表在使用时，必须水平放置，以免造成误差。同时，还应避免外界磁场对万用表的影响。

⑤ 万用表使用完毕，应将转换开关置于交流电压的最大挡，有 OFF 挡位的置于 OFF 挡位。如果长期不使用，还应将万用表内部的电池取出来，以免电池腐蚀表内其他器件。

3. 钳形电流表

如图 2-20 所示，钳形电流表是由电流互感器和电流表组合而成。电流互感器的铁芯在捏紧扳手时可以张开；被测电流所通过的导线可以不必切断就可穿过铁芯张开的缺口，当放开扳手后铁芯闭合。

通常用普通电流表测量电流时，需要将电路切断停机后才能将电流表接入进行测量，这是比较烦琐的，有时正常运行的电动机不允许这样做。此时，使用钳形电流表就显得方便多了，可以在不切断电路的情况下测量电流。

穿过铁芯的被测电路导线就成为电流互感器的一次线圈，其中通过电流便在二次线圈中感应出电流。从而使二次线圈相连接的电流表便有指示——测出被测线路的电流。钳形电流表可以通过转换开关的拨挡，改换不同的量程。但拨挡时不允许带电进行操作。钳形电流表一般准确度不高，通常为 2.5 ~ 5 级。为了使用方便，表内还有不同量程的转换开关供测不同等级电流以及测量电压的功能。

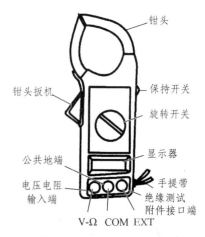

图 2-20　钳形电流表

使用钳形电流表的注意事项如下：

① 进行电流测量时，被测载流体的位置应放在钳口中央，以免产生误差。

② 测量前应估计被测电流的大小，选择合适的量程，在不知道电流大小时，应选择最大量程，再根据指针适当减小量程，但不能在测量时转换量程。

③ 为了使读数准确，应保持钳口干净无损，如有污垢时，应用汽油擦洗干净再进行测量。

④ 在测量 5 A 以下的电流时，为了测量准确，应该绕圈测量。

⑤ 钳形电流表不能测量裸导线电流，以防触电和短路。

⑥ 测量完后一定要将量程分挡旋钮放到最大量程位置上。

4. 兆欧表

如图 2-21 所示，兆欧表大多采用手摇发电机供电，故又称摇表。兆欧表的刻度是以兆欧（MΩ）为单位的，是电工常用的一种测量仪表，主要用来检查电气设备、家用电器或电气线路对地及相间的绝缘电阻，以保证这些设备、电器和线路工作在正常状态，避免发生触电伤亡及设备损坏等事故。

图 2-21　兆欧表

兆欧表的使用方法如下：

（1）测量前必须将被测设备电源切断，并对地短路放电。决不能让设备带电进行测量，以保证人身和设备的安全。对可能感应出高压电的设备，必须消除这种可能性后，才能进行测量。

（2）被测物表面要清洁，减少接触电阻，确保测量结果的准确性。

（3）测量前应将兆欧表进行一次开路和短路试验，检查兆欧表是否良好。即在兆欧表未接上被测物之前，摇动手柄使发电机达到额定转速（120 r/min），观察指针是否指在标尺的"∞"位置。将接线柱"线（L）和地（E）"短接，缓慢摇动手柄，观察指针是否指在标尺的"0"位。如指针不能指到该指的位置，表明兆欧表有故障，应检修后再使用。

（4）兆欧表使用时应放在平稳、牢固的地方，且远离大的外电流导体和外磁场。

（5）必须正确接线。兆欧表上一般有 3 个接线柱，其中 L 接在被测物和大地绝缘的导体部分，E 接被测物的外壳或大地。G 接在被测物的屏蔽上或不需要测量的部分。测量绝缘电阻时，一般只用"L"和"E"端。但在测量电缆对地的绝缘电阻或被测设备的漏电流较严重时，就要使用"G"端，并将"G"端接屏蔽层或外壳。线路接好后，可按顺时针方向转动摇把，摇动的速度应由慢而快，当转速达到 120 r/min 左右时（ZC-25 型），保持匀速转动，1 min 后读数，并且要边摇边读数，不能停下来读数。

（6）摇测时将兆欧表置于水平位置，摇把转动时其端钮间不许短路。摇动手柄应由慢渐快，若发现指针指零说明被测绝缘物可能发生了短路，这时就不能继续摇动手柄，以防表内线圈发热损坏。

（7）读数完毕，将被测设备放电。放电方法是将测量时使用的地线从兆欧表上取下来与被测设备短接一下即可（不是兆欧表放电）。

 任务实施

任务名称：	交流接触器的拆装与维修

1. 交流接触器的拆卸、装配与维修

视频：交流接触器基础知识

（1）拆　卸

① 卸下灭弧罩紧固螺钉，取下灭弧罩。

② 拉紧主触头定位弹簧夹，取下主触头及主触头压力弹簧片，拆卸主触头时必须将主触头侧转 45° 后取下。

③ 松开辅助常开触头的线桩螺钉，取下常开静触头。

④ 松开接触器底部的盖板螺钉，取下盖板。在松盖板螺钉时，要用手按住螺钉慢慢放松。

⑤ 取下静铁芯缓冲绝缘板片及静铁芯。

⑥ 取下静铁芯支架及缓冲弹簧片。

⑦ 拔出线圈接线端的弹簧夹片，取下线圈。

⑧ 取下反作用弹簧。

⑨ 取下衔铁和支架。

⑩ 从支架上取下动铁芯定位销及缓冲绝缘纸片。

（2）检　修

① 检查灭弧罩有无破裂或烧损，清除灭弧罩内的金属飞溅物和颗粒。

② 检查触头的磨损程度，磨损严重时应更换触头。若不需要更换，则清除触头表面上烧毛颗粒。

③ 清除铁芯端面的油垢，检查铁芯有无变形及端面接触是否平整。

④ 检查触头压力弹簧及反作用弹簧是否变形及压力不足。如有需要则更换弹簧。

⑤ 检查电磁线圈是否有短路、断路及发热变色现象。

（3）装　配

按拆卸的逆顺序进行装配。自检方法如下：

① 用万用表欧姆挡检查线圈及各触头是否良好。

② 用兆欧表测量各触头间及主触头对地电阻是否符合要求。

③ 用手按动主触头检查运动部分是否灵活，以防产生接触不良、振动和噪声。

2. 交流接触器的校验及触头压力的调整

（1）交流接触器的检验

① 将装配好的接触器按如图 2-22 所示接入检验电路。

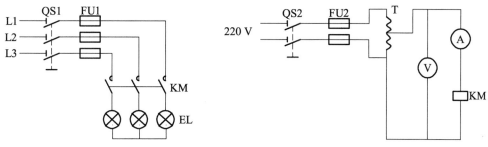

图 2-22　接触器动作值检验电路

② 选好电流表、电压表量程并调零；将调压变压器输出置于零位。

③ 合上 QS1 和 QS2，均匀调节调压变压器，使电压上升到接触器铁芯吸合为止，此时电压表的指示值即为接触器的动作电压值。该电压应小于或等于 85%U、（U、吸引线圈额定电压）。

④ 保持吸合电压值，分合开关 QS2，做两次冲击合闸试验，以校验动作的可靠性。

⑤ 均匀地降低调压变压器的输出电压直至衔铁分离，此时电压表的指示值即为接触器的释放电压，释放电压值应大于 50%U_N。

⑥ 将调压变压器的输出电压调至接触器线圈的额定电压，观察铁芯有无振动及噪声，从指示灯的明暗可判断主触头的接触情况。

（2）触头压力的测量与调整

根据前面介绍的知识，用一张厚 0.1 mm 比触头稍宽的纸条测量触头的压力，并进行弹簧的调整，直至符合要求。

 任务拓展

维修注意事项及预防措施

1. 注意事项

（1）在进行故障排查和检修时，一定要将安全放在首位。确保设备停电并进行隔离后再进行操作，避免触电事故的发生。

（2）拆卸过程中，应备有盛放零件的容器，以防丢失零件。

（3）拆卸过程中不允许硬撬，以免损坏电器。装配辅助静触头时，要防止卡住触头。

（4）使用适合的工具进行检修操作，避免造成额外的损坏或安全隐患。

（5）在检修过程中，要注意观察细节变化，如有异常现象或异响出现要及时停止操作并进行排查。

（6）在检修过程中，不要随意更改设备参数，避免造成更严重的故障或安全隐患。

（7）定期对交流接触器进行维护保养工作，可以延长设备的使用寿命并减少故障的发生。

2. 预防措施

预防措施是保障交流接触器稳定运行的重要措施之一。常见的预防措施如下：

（1）定期检查和保养

定期对交流接触器进行检查和保养是预防故障的有效途径。检查包括外观检查、电路连接检查、绝缘性能检查等，保养包括清洁、润滑、紧固螺丝等。

（2）避免过载操作

在使用过程中避免过载操作是预防接触器故障的重要方法。过载会使接触器受到额外的压力，导致烧毁或损坏，因此应根据使用要求选择合适的接触器和负荷。

（3）预防震动和冲击

震动和冲击会影响接触器的正常工作，导致接触不良或接触器磨损加剧。在安装接触器时应注意避免震动和冲击，确保接触器的稳定性。

（4）注意防潮防尘

接触器工作环境应保持干燥清洁，防止潮湿和灰尘进入接触器内部，影响接触器工作性能。可适当加装防护罩或做好防尘防潮措施。

（5）定期校准和调试

定期对接触器进行校准和调试是保障其稳定性和可靠性的重要手段。校准和调试包括电气参数校准、动作特性调试等，确保接触器工作在正常范围内。

CA6140 卧式车床电气维修

卧式车床在车床中加工范围很广，它适用于加工各种轴类、套筒类和盘类零件上的各种回转表面，如车削内外圆柱面、内外圆锥面、环槽及成型回转表面，车削端面及各种螺纹，还可以用钻头、扩孔钻和铰刀进行内孔加工，用丝锥、板牙加工内外螺纹及滚花等工作。CA6140 卧式车床是我国自行设计制造、质量较好的普通车床。

任务描述

现有一台 CA6140 卧式车床。通电后，其电气控制线路出现局部性故障。具体表现为：车床电源信号灯和照明灯亮，主轴电动机不工作，刀架快速移动电动机可正常工作。

任务要求：对 CA6140 卧式车床的电气控制线路进行分析，掌握其工作原理；选用恰当的检测工具，选择合适的检测方法进行机床故障分析。

相关知识

2.2.1 电气线路的编号方法

1. 主电路的编号方法

三相电源自上而下的为 L1、L2 和 L3，经电源开关后出线上依次编号为 U、V 和 W，每经过一个电器元件的接线桩编号要递增，如 U1、V1 和 W1，递增后为 U2、V2 和 W2……。如果是多台电动机的编号，为了不引起混淆，可在字母的前面冠以数字来区分，如 1U、1V 和 1W，2U、2V 和 2W，1L1、1L2 和 1L3，如图 2-23 所示。

2. 控制电路的编号方法

点对点地采用 1、2、3、4、5、6…编号方法对控制电路进行编号，如图 2-24 所示。若是水平布图，数字编号按自上而下的顺序，垂直的电路图形通常编号的顺序是从上至下、由左至右依次进行编写。每一个电气接点有一个唯一的接线编号，编号可依次递增。编号采用等位点原则，在图 2-24 中，SB2 进线端线号为 4，和 SB2 并联的 KM1 辅助常开触点进线端线号也是 4，同理，SB2 出线端线号为 5，KM1 辅助常开出线端线号也是 5。

注意：不管在主电路，还是控制电路，端子排上进线端和出线端的线号不变。

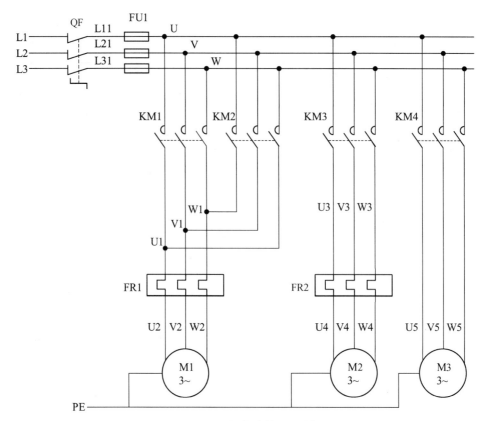

图 2-23　主电路编号示例

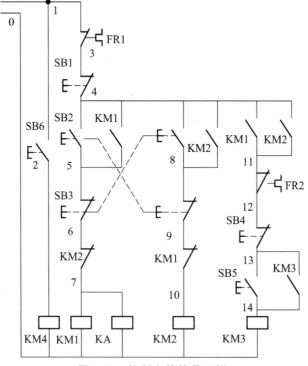

图 2-24　控制电路编号示例

视频：利用仪表和诊断技术确定故障

利用各种电工测量仪表对电路进行电阻、电流、电压等参数的测量，以此进一步寻找或判断故障，是电器维修工作中的一项有效措施。如用万用表、钳形电流表、试电笔等仪表来检查电气线路，可迅速有效地找出故障原因。下面介绍几种常用方法：

1. 电压测量法

在检查电气设备时，经常用测量电压值来判断电器元件和电路的故障点，检查时需将万用表扳到交流电压 500 V 挡位上。

（1）分阶测量法

电压的分阶测量法如图 2-25 所示。

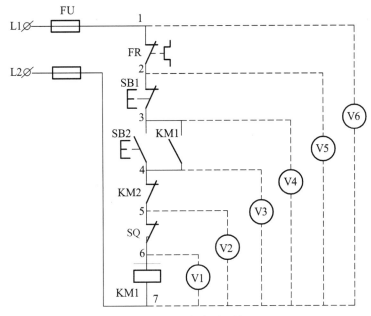

图 2-25　分阶测量法

若按下起动按钮 SB2，接触器 KM1 不吸合，说明电路有故障。

检修时，首先用万用表测量 1、7 两点电压，若电路正常，应为 380 V。然后按下起动按钮 SB2 不放，同时将黑表棒接到 7 点上，红表笔接 6、5、4、3、2 标号依次向前移动，分别测量 7—6、7—5、7—4、7—3、7—2 各阶之间的电压。电路正常情况下，各阶电压均为 380 V。如测到 7—6 之间无电压，说明是断路故障，可将红表笔前移。当移至某点（如 2 点）时电压正常，说明该点（2 点）以前触头或接线是完好的，此点（2 点）以后的触点或接线断路。这种测量方法像上台阶一样，所以叫分阶测量法。

可向上测量，即由 7 点向 1 点测量；也可向下测量，即依次测量 1—2、1—3、1—4、1—5、1—6。但向下测量时，若各阶电压等于电源电压，则说明刚测过的触点或导线已断路。向上测量各阶电压值检查故障的方法见表 2-9。

表 2-9　电压分阶测量法电压值检查故障表

故障现象	测试状态	7—6	7—5	7—4	7—3	7—2	7—1	故障原因
按下 SB2时，KM1不吸合	按下 SB2不放	0	380 V	380 V	380 V	380 V	380 V	SQ 或者连接 SQ 的导线接触不良
		0	0	380 V	380 V	380 V	380 V	KM2 或者连接 KM2 的导线接触不良
		0	0	0	380 V	380 V	380 V	SB2 或者连接 SB2 的导线接触不良
		0	0	0	0	380 V	380 V	SB1 或者连接 SB1 的导线接触不良
		0	0	0	0	0	380 V	FR 或者连接 FR 的导线 接触不良

（2）分段测量法

电压的分段测量法如图 2-26 所示。

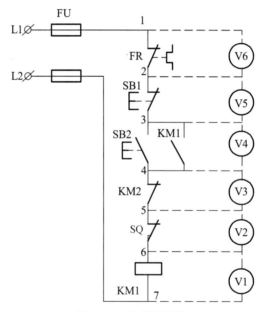

图 2-26　分段测量法

先用万用表测试 1—7 两点，电压为 380 V，说明电源电压正常。

电压的分段测试法是用红、黑两根表棒逐段测量相邻两标号点 1—2、2—3、3—4、4—5、5—6、6—7 的电压。如电压正常，除 6—7 两点间的电压等于 380 V 外，其他任意相邻两点间的电压都应为零。如按下起动按钮 SB2，接触器 KM1 不吸合，说明电路断路。可用电压表逐段测试各相邻两点的电压。如测量某相邻两点电压为 380 V，说明两点所包括的触点，其连接导线接触不良或断路。例如标号 4—5 两点间电压为 380 V，说明接触器 KM2 的常闭触点接触不良。根据各段电压值来检查故障的方法见表 2-10。

表 2-10　电压分段测量法电压值检查故障表

故障现象	测试状态	1—2	2—3	3—4	4—5	5—6	故障原因
按下 SB2 时， KM1 不吸合	按下 SB2 不放	380 V	0	0	0	0	FR 或者连接 FR 的导线接触不良
		0	380 V	0	0	0	SB1 或者连接 SB1 的导线接触不良
		0	0	380 V	0	0	SB2 或连接 SB2 的导线接触不良
		0	0	0	380 V	0	KM2 或者连接 KM2 的导线接触不良
		0	0	0	0	380 V	SQ 或者连接 SQ 的导线接触不良

（3）对地测量法

机床电气控制线路接 220 V 电压且零线直接接在机床床身的，可采用对地测量法来检查电路的故障。电压的对地测量法如图 2-27 所示。

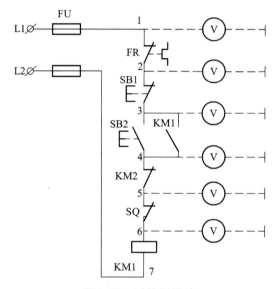

图 2-27　对地测量法

测量时，用万用表的黑表棒逐点测 1、2、3、4、5、6 等各点，根据各点对地的测试电压来检查线路的电气故障。根据对地测量法测出的电压值判别线路电气故障的方法见表 2-11。

表 2-11　3 对地测量法测出的电压值判别线路电气故障表

故障现象	测试状态	1	2	3	4	5	6	故障原因
按下 SB2 时，KM1 不吸合	按下 SB2 不放	0	0	0	0	0	0	FU 熔断
		220 V	0	0	0	0	0	FR 的常闭触点接触不良
		220 V	220 V	0	0	0	0	SB1 的常闭触点接触不良
		220 V	220 V	220 V	0	0	0	SB2 的常闭触点接触不良
		220 V	220 V	220 V	220 V	0	0	KM2 的常闭触点接触不良
		220 V	220 V	220 V	220 V	220 V	0	SQ 的常闭触点接触不良
		220 V	220 V	220 V	220 V	220 V	220 V	KM1 线圈断路或接线脱落

（4）电压测量法检测故障的注意事项

用电压测量法检查线路电气故障时，应注意下列事项：

① 用分阶测量法来检查线路电气故障时，标号 6 以前各点对 7 点的电压，都应为 380 V，如低于额定电压的 20% 以上，可视为有故障。

② 用分段或分阶测量法测量到接触器 KM1 线圈两端 6 与 7 时，若测量的电压等于电源电压，可判断为电路正常；若接触器不吸合，可视为接触器本身有故障。

③ 除对地测量法必须在 220 V 电路上应用外，分阶和分段测量法可通用，即在检查一条线路时可同时用两种及以上方法。

2. 电阻测量法

（1）分阶电阻测量法

分阶电阻测量法如图 2-28 所示。按起动按钮 SB2，若接触器 KM1 不吸合，说明该电气回路有故障。

检查时，先断开电源，把万用表扳到电阻挡，按下 SB2 不放，测量 1—7 两点间的电阻。如果电阻为无穷大，说明电路断路；然后逐段分阶测量 1—2、1—3、1—4、1—5、1—6 各点的电阻值。当测量到

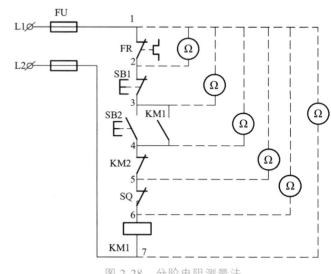

图 2-28　分阶电阻测量法

某标号时，若电阻突然增大，说明表棒刚跨过的触点或连接线接触不良或断路。

（2）分段电阻测量法

电阻的分段测量法如图 2-29 所示。

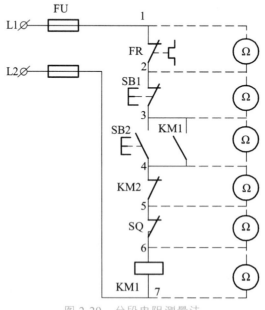

图 2-29　分段电阻测量法

检查时先切断电源，按下起动按钮 SB2，然后逐段测量相邻两标号点 1—2、2—3、3—4、4—5、5—6 的电阻。如测得某两点间电阻很大，说明该触点接触不良或导线断路。例如测得 2—3 两点间电阻很大时，说明停止按钮 SB1 接触不良。

（3）电阻测量法检测故障的注意事项

电阻测量法的优点是安全，缺点是测量电阻值不准确易造成判断错误。因此应注意以下几点：

① 用电阻测量法检查故障时一定要断开电源。

② 所测量电路如与其他电路并联，必须将该电路与其他电路断开，否则所测电阻值不准确。

③ 测量高电阻（比如接触器线圈）电器元件，要将万用表的电阻挡拨到适当的位置。

3. 短接法

机床电气设备的常见故障为断路故障，如导线断路、虚连、虚焊、触点接触不良、熔断器熔断等。对这类故障，除用电压法和电阻法检查外，还有一种更为简便可靠的方法，就是短接法。检查时，用一根绝缘良好的导线，将疑似断路部位进行短接，如短接到某处，电路接通，说明该处断路。

（1）局部短接法

局部短接法如图 2-30 所示。按下起动按钮 SB2 时，若 KM1 不吸合，说明该电路有故障。

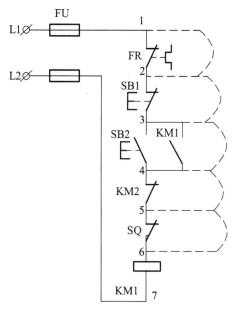

图 2-30　局部短接法

检查前，先用万用表测量 1—7 两点间电压，若电压正常，可按下起动按钮 SB2 不放，然后用一根绝缘良好的导线，分别短接到某两点时，接触器 KM1 吸合，说明断路故障就在这两点之间。具体短接部位及故障原因见表 2-12。

表 2-12　短接部位及故障原因

故障现象	短接点标号	KM1 动作	故障原因
按下 SB2 时， KM1 不吸合	1—2	KM1 吸合	FR 的常闭触点接触不良或误动作
	2—3	KM1 吸合	SB1 的常闭触点接触不良
	3—4	KM1 吸合	SB2 的常开触点接触不良
	4—5	KM1 吸合	KM2 的常闭触点接触不良
	5—6	KM1 吸合	SQ 的常闭触点接触不良

（2）长短接法

如图 2-31 所示，长短接法是指一次短接两个或多个触点来检查故障的方法。当 FR 的常闭触点和 SB1 的常闭触点同时接触不良时，若用局部短接法短接触器 1—2 点，按下 SB2，KM1 仍不能吸合，则可能造成故障判断错误；而用长短接法将 1—6 点短接，如果 KM1 吸合，说明 1—6 这段电路上有断路故障，然后再用局部短接法逐段找出故障点。

长短接法的另外一个作用是，可把故障点缩小到一个较小的范围。例如，第一次先短接 3—6 点，KM1 不吸合，再短接 1—3 点，KM1 吸合，说明故障在 1—3 点范围内。可见，用长短接法结合的短接法能很快地排除故障。

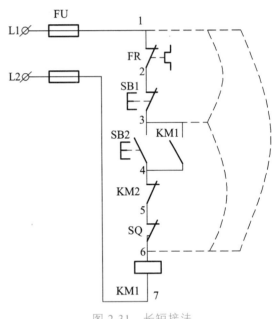

图 2-31　长短接法

（3）短接法检测故障的注意事项

① 短接法是用手持绝缘导线带电操作的，所以一定要注意安全，避免触电事故。

② 短接法只适用于压降极小的导线及触点之类的断路故障。对于压降较大的电器，如电阻、线圈、绕组等断路故障，不能采用短接法，否则会出现短路故障。

③ 对于机床的某些重要部位，必须保障电气设备或机械部位不会出现事故的情况下，才能使用短接法。

以上所述检查分析电气设备故障的一般顺序和方法，应根据故障的性质和具体情况灵活使用，断电检查多采用电阻法，通电检查多采用电压法或电流法，且各种方法可交叉使用。

2.2.3　故障修复及注意事项

当找出电气设备的故障后，就要着手进行修复、试运转、记录等过程，然后交付使用。整个过程必须注意以下事项：

（1）在找出故障点和修复故障时应注意，不能把找出的故障点作为寻找故障的终点，还必须进一步分析查明产生故障的根本原因。

（2）在故障点的修理工作中，一般情况下应尽量做到复原。但是，有时为了尽快恢复机床的正常运行，根据实际情况也允许采取一些适当的应急措施，但绝不可凑合行事。

（3）机床需要通电试运行时，应和操作者配合，避免出现新的故障。

（4）每次排除故障后，应及时总结经验，并做好维修记录。记录的内容包括：机床的型号、名称、编号、故障发生日期、故障现象、部位、损坏的电器、故障原因、修复措施及修复后的运行情况等。记录的目的：作为档案以备日后维修时参考，通过对历次故障分析，采取相应的有效措施，防止类似事故的再次发生，或对电气设备本身的设计提出改进意见等。

（5）检查是否存在机械、液压故障。在许多电气设备中，电气设备元件的动作是由机械、液压来推动的，与它们有着密切的联动关系，所以在检修电气故障的同时，应检查、调整和排除机械、液压部分的故障，或与机械维修工配合完成。

 任务实施

任务名称1：　CA6140 卧式车床电气控制线路分析

1. CA6140 卧式车床的结构

CA6140 卧式车床结构如图 2-32 所示，它由床身、主轴箱、进给箱、溜板箱、刀架、丝杠、光杠、尾座等部分组成。

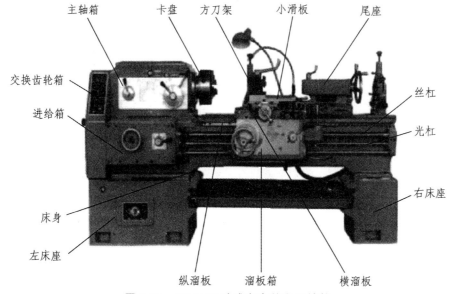

图 2-32　CA6140 卧式车床的主要结构

2. CA6140 卧式车床的运动形式

CA6140 卧式车床的运动形式有切削运动和辅助运动。切削运动包括工件的旋转运动（主运动）和刀具的直线进给运动（进给运动），除此之外的其他运动皆为辅助运动。

（1）主运动。CA6140卧式车床的主运动是指主轴通过卡盘带动工件旋转，主轴的旋转是由主轴电动机经传动机构拖动。根据工件材料性质、车刀材料及几何形状、工件直径、加工方式及冷却条件的不同，要求主轴有不同的切削速度。另外，为了加工螺丝，还要求主轴能够正反转。

主轴的变速是由主轴电动机经 V 带传递到主轴变速箱实现的。CA6140 卧式车床的主轴正转速度有 24 种（10 ~ 1 400 r/min），反转速度有 12 种（14 ~ 1 580 r/min）。

（2）进给运动。CA6140 卧式车床的进给运动是指刀架带动刀具纵向或横向直线运动。溜板箱把丝杠或光杠的转动传递给刀架部分，变换溜板箱外的手柄位置，经刀架部分使车刀做纵向或横向进给。刀架的进给运动也是由主轴电动机拖动的，其运动方式有手动和自动两种。

（3）辅助运动。CA6140 卧式车床的辅助运动是指刀架的快速移动、尾座的移动以及工件的夹紧与放松等。

3. 电力拖动的特点及控制要求

（1）主轴电动机一般选用三相笼型异步电动机。为满足调速要求，只用机械调速，不进行电气调速。

（2）主轴要能够正反转，以满足螺丝加工要求。

（3）主轴电动机的起动、停止采用按钮操作。

（4）溜板箱的快速移动，应由单独的快速移动电动机来拖动并采用点动控制。

（5）为防止切削过程中刀具和工件温度过高，需要用切削液进行冷却，因此要配备冷却泵。

（6）电路必须有过载、短路、欠压、失压等保护。

任务名称2： CA6140 卧式车床的电气控制分析

1. 主轴电动机控制

文本：CA6140 卧式车床的电气原理图

如图 2-33 所示，主电路中的 M1 为主轴电动机，按下起动按钮 SB2、KM1 得电吸合，辅助常开触点 KM1（4—5）闭合自锁，KM1 主触头闭合，主轴电动机 M1 起动，同时辅助触点 KM1（7—8）闭合，为冷却泵起动作好准备。

2. 冷却泵控制

主电路中的 M2 为冷却泵电动机。

在主轴电动机起动后，KM1（7—8）闭合，将开关 SA 闭合，KM2 吸合，冷却泵电动机起动，将 SA 断开，冷却泵停止。如果将主轴电动机停止，冷却泵也会自动停止。

3. 刀架快速移动控制

刀架快速移动电动机 M3 采用点动控制。按下 SB3，KM3 吸合，其主触头闭合，快速移动电机 M3 起动，松开 SB3，KM3 释放，电动机 M3 停止。

4. 照明和信号灯电路

接通电源，控制变压器输出电压，HL 直接得电发光，作为电源信号灯。EL 为照明灯，将开关 QS2 闭合 EL 亮，将 QS2 断开，EL 灭。

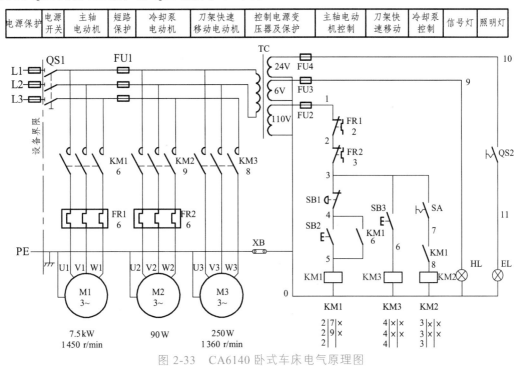

图 2-33　CA6140 卧式车床电气原理图

任务名称 3：　CA6140 卧式车床主轴电动机故障分析

故障现象：主轴电动机、冷却泵电动机不工作，其他电路正常。

分析：和主轴电动机相关的主电路和控制电路，由于冷却泵电机在主轴电动机运转之后才能运转，故障是主轴和冷却泵的电机都不能运转，而刀架电动机可以运转，可以判断出，是由于主轴电动机控制电路不能接通，导致冷却泵电动机的控制电路也无法接通。如图 2-34 所示。

观察发现，按下主轴电动机的起动按钮 SB2，KM1 不吸

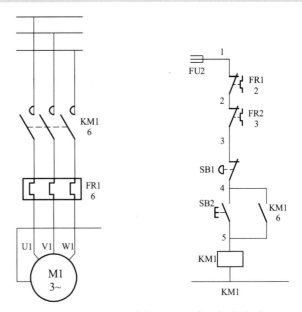

图 2-34　主轴电动机的主电路和控制电路

合，说明控制电路有故障，用电压测量法分段测量控制电路，结果见表 2-13。

表 2-13　主轴电动机控制电路电压测量法分段测量结果

故障现象	3—4	4—5	5—0	故障点	排除方法
按下 SB2，KM1 不吸合	110 V	0	0	SB1 接触不良或接线脱落	更换 SB1 或将脱落线接好

 任务拓展

照明和信号电路常见故障分析

1. 照明灯不亮

选用电压测量法查找故障，用万用表的交流电压 50 V 挡，沿着电流的流向，依次测变压器出线端到 FU4 导线，FU4 两端，10 号线，QS2 两端（闭合 QS2），11 号线，EL 两端，0 号线，除了 EL 两端应该有 24 V 电压，其他地方都应该是 0 V，如果哪个地方不是 0 V，而是 24 V，说明有断路的故障。

选用电阻测量法则要用万用表的低欧姆挡，沿着电流的流向，依次测变压器出线端到 FU4 导线，FU4 两端，10 号线，QS2 两端（闭合 QS2），11 号线，EL 两端，0 号线，除了 EL 两端应该有电阻值，其他部位都应该是通的（电阻值为 0 Ω），如果某个部位电阻值超过了量程，说明有断路的故障。

2. 信号灯不亮

选用电压测量法查找故障，用万用表的交流电压 10 V 挡，沿着电流的流向，依次测变压器出线端到 FU3 导线，FU3 两端，9 号线，HL 两端，0 号线，除了 HL 两端应该有 6 V 电压，其他部位都应该是 0 V，如果某个部位不是 0 V，而是 6 V，说明有断路的故障。

选用电阻测量法则要用万用表的低欧姆挡，沿着电流的流向，依次测变压器出线端到 FU3 导线，FU3 两端，9 号线，HL 两端，0 号线，除了 HL 两端应该有电阻值，其他部位都应该是通的（电阻值为 0 Ω），如果某个部位电阻值超过了量程，说明有断路的故障。

X62 型卧式万能升降台铣床电气维修

X62 型卧式万能升降台铣床适用于圆柱、圆盘、角度、成型或端面铣刀等多刃刀具，能加工中小型平面、特形表面、各种沟槽、齿轮、螺旋槽和小型箱体工件上的孔等。

 任务描述

现有一台 X62 型卧式万能升降台铣床。通电后，其电气控制线路出现局部性故障。具体表现为：工作台能向左右进给，不能向前、后、上、下进给。

任务要求：对 X62 型卧式万能升降台铣床的电气控制线路进行分析，掌握其工作原理；选用恰当的检测工具，选择合适的检测方法进行铣床故障分析。

相关知识

本任务以 X62 型卧式万能铣床为例，分析铣床对电气传动的要求、电气控制线路的构成、工作原理及其安装、调试与维修。

2.3.1　X62 型卧式铣床电气分析

1. X62 型卧式铣床的结构

X62 型卧式万能升降台铣床结构如图 2-35 所示，它由床身、主轴变速机构、横梁、主轴、挂架、工作台、横向溜板、升降台、进给变速机构和底座等构成。

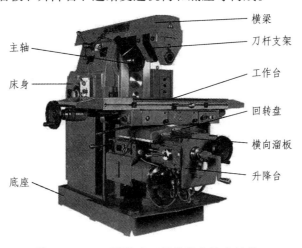

图 2-35　X62 型卧式万能升降台铣床结构

X62 型卧式万能升降台铣床功率大，转速高，变速范围宽，刚性好，操作方便、灵活，通用性强。X62 型万能升降台铣床在其结构上还具有下列特点：

（1）机床工作台的机动进给操纵手柄，操纵时所指示的方向，就是工作台进给运动的方向，操作时不易产生错误。

（2）机床的前面和左面各有一组按钮和手柄的复式操纵装置，便于操作者在不同位置上进行操作。

（3）机床采用速度预选机构来变换主轴转速和工作台的进给速度，使操作简单、明确。

（4）机床工作台的纵向传动丝杠上，有双螺母间隙调整机构，所以既可进行逆铣又能进行顺铣。

（5）机床工作台可以在水平面内 ±45° 范围内偏转，因而可进行各种螺旋槽的铣削。

（6）机床采用转速控制电器（或电磁离合器）进行制动，能使主轴迅速停止回转。

（7）机床工作台有快速进给运动装置，采用按钮操纵，方便省时。

2. X62 型卧式铣床的运动形式

X62 型卧式铣床的运动形式有主运动、进给运动和辅助运动。

（1）主运动。铣床的主运动是指主轴带动铣刀的旋转运动。主轴转动是由主轴电动机通过弹性联轴器来驱动传动机构，当机构中的一个双联滑动齿轮块啮合时，主轴即可旋转。

（2）进给运动。铣床的进给运动是指工作台带动工件在相互垂直的三个方向上的直线运动。进给运动由进给电动机单独带动，它通过机械机构使工作台能进行三种形式六个方向的移动，即：工作台面能直接在溜板上部可转动部分的导轨上作纵向（左、右）移动；工作台面借助横溜板作横向（前、后）移动；工作台面还能借助升降台作垂直（上、下）移动。

X62 型卧式铣床工作台三个方向的进给运动是互锁的。纵向进给运动与横向和垂直进给运动由电气互锁，横向进给运动与垂直进给运动靠机械互锁。进给运动的换向，通过改变电动机的转向来实现。

（3）辅助运动。铣床的辅助运动是指工作台带动工件在相互垂直的三个方向上的快速移动。

3. 电力拖动特点及控制要求

该铣床共用三台异步电动机拖动，它们分别是主轴电动机 M1、进给电动机 M2 和冷却泵电动机 M3。

（1）铣床加工有顺铣和逆铣两种加工方式，所以要求主轴电动机能正反转，但考虑到正反转操作并不频繁，因此在铣床床身下侧电器箱上设置一个组合开关，来改变电源相序实现主轴电动机的正反转。由于主轴传动系统中装有避免振动的惯性轮，使主轴停车困难，故主轴电动机采用电磁离合器制动以实现准确停车。

（2）铣床的工作台要求有前后、左右、上下六个方向的进给运动和快速移动，所以也要求进给电动机能正反转，并通过操纵手柄和机械离合器相配合来实现。进给的快速移动是通过电磁铁和机械挂挡来完成。

（3）根据加工工艺的要求，该铣床应具有以下电气联锁措施：

① 为防止刀具和铣床的损坏，要求只有主轴旋转后才允许有进给运动和进给方向的快速移动。

② 为了减小加工工件表面的粗糙度，只有进给停止后主轴才能停止或同时停止。该铣床在电气上采用了主轴和进给同时停止方式，但由于主轴运动的惯性很大，实际上就保证了进给运动先停止，主轴运动后停止的要求。

③ 六个方向的进给运动中同时只能有一种运动产生，该铣床采用了机械操纵手柄和位置开关相配合的方式来实现六个方向的联锁。

（4）主轴运动和进给运动采用变速盘来进行速度选择，为保证变速齿轮进入良好啮合状态，两种运动都要求变速后作瞬时点动。

（5）当主轴电动机或冷却泵电动机过载时，进给运动必须立即停止，以免损坏刀具和铣床。

（6）要求有冷却系统、照明设备及各种保护措施。

2.3.2　X62 型卧式铣床的电气控制分析

X62 型卧式万能铣床电气控制线路如图 2-36 所示，该线路分为主电路、控制电路和照明电路三部分。

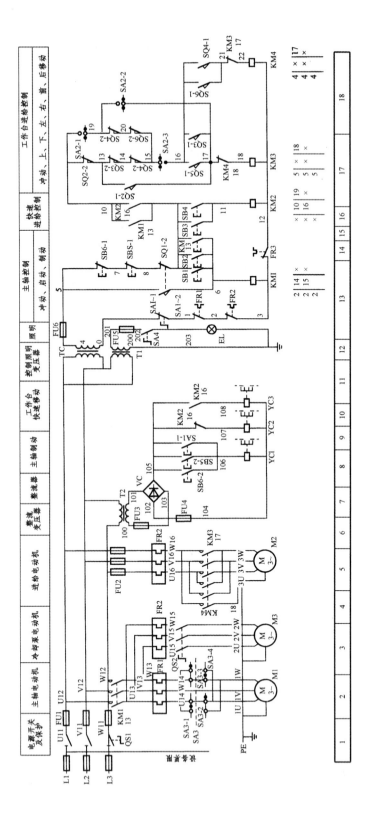

图 2-36　X62 型卧式万能铣床电气控制线

1. 主电路分析

主电路共有三台电动机，M1 为主轴电动机，拖动主轴带动铣刀进行铣削加工，SA3 作为 M1 的换向开关；M2 是进给电动机，通过操纵手柄和机械离合器的配合拖动工作台前后、左右、上下六个方向的进给运动和快速移动，其正反转由接触 KM3、KM4 来实现；M3 为冷却泵电动机，供应切削液，且当 M1 起动后，M3 才能起动，用手动开关 QS2 控制；三台电动机共用熔断器 FU1 作短路保护，三台电动机分别用热继电器 FR1、FR2、FR3 作过载保护。

2. 控制电路分析

控制电路的电源由控制变压器 TC 输出 110 V 电压提供。

（1）主轴电动机 M1 的控制

为了方便操作，主轴电动机 M1 采用两地控制方式，一组安装在工作台上：另一组安装在床身上。SB1 和 SB2 是两组起动按钮并接在一起，SB5 和 SB6 是两组停止按钮串接在一起。KM1 是主轴电动机 M1 的起动接触器，YC1 是主轴制动用的电磁离合器，SQ1 是主轴变速时瞬时点动的位置开关。主轴电动机是经弹性联轴器和变速机构的齿轮传动链来实现传动的，可使主轴具有 18 级不同的转速（30～1 500 r/min）。

① 主轴电动机 M1 的起动。起动前，应首先选择主轴的转速，然后合上电源开关 QS1，再把主轴换向开关 SA3（2 区）扳到所需要的转向。SA3 的位置及动作说明见表 2-14。按下起动按钮 SB1 或 SB2，接触器 KM1 线圈得电，KM 主触头和自锁触头闭合，主轴电动机 M1 起动运转，KM1 常开辅助触头（9—10）闭合，为工作台进给电路提供了电源。

表 2-14　主轴换向开关 SA3 的位置及动作说明

位置	正转	停止	反转
SA3—1	−	−	+
SA3—2	+	−	−
SA3—3	+	−	−
SA3—4	−	−	+

② 主轴电动机 M1 的制动。当铣削完毕，需要主轴电动机 M1 停止时，按下停止按钮 SB5 或 SB6，SB5—1 或 SB6—1 常闭触头（13 区）分断，接触器 KM1 线圈失电，KM1 触头复位，电动机 M1 断电惯性运转，SB5—2 或 SB6—2 常开触头（8 区）闭合，接通电磁离合器 YC1，主轴电动机 M1 制动停转。

③ 主轴换向铣刀控制。M1 停转后并不处于制动状态，主轴仍可自由转动。在主轴更换铣刀时，为避免主轴转动，造成更换困难，应将主轴制动。方法是将转换开关 SA1 扳向换刀位置，这时常开触头 SA1—1（8 区）闭合，电磁离合器 YC1 线圈得电，主轴处于制动状态以方便换刀；同时常闭触头 SA1—2（13 区）断开，切断了控制电路，4 铣床无法运行，保证了人身安全。

④ 主轴变速时的瞬时点动（冲动控制）。主轴变速操纵箱装在床身左侧窗口上，主轴变速由一个变速手柄和一个变速盘来实现。主轴变速时的冲动控制，是利用变速手柄与冲动位置开关 SQ1 通过机械上的联动机构进行控制的，如图 2-37 所示。变速时，先把变速手柄 3 压

下，使手柄的榫块从定位槽中脱出，然后向外拉动手柄使榫块落入第二道槽内，使齿轮组脱离啮合。转动变速盘4选定所需转速后，把手柄3推回原位，使榫块重新落进槽内，使齿轮组重新啮合（这时已改变了传动比）。变速时为了使齿轮容易啮合，掀动手柄复位时电动机M1会产生一冲动。在手柄3推进时，手柄上装的凸轮1将弹簧杆2推动一下又返回，这时弹簧杆2推动一下位置开关SQ1（13区），使SQ1常闭触头SQ1—2先分断，常开触头SQ1—1后闭合，接触器KM1瞬时得电动作，电动机M1瞬时起动；紧接着凸轮1放开弹簧杆2，位置开关SQ1触头复位，接触器KM1断电释放，电动机M1断电。此时电动机M1因未制动而惯性旋转，使齿轮系统抖动，在抖动时刻，将变速手柄3先快后慢地推进去，齿轮便顺利地啮合。当瞬时点动过程中齿轮系统没有实现良好啮合时，可以重复上述过程直至啮合为止。

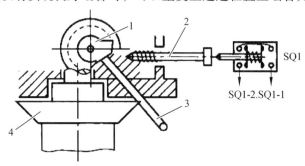

1—凸轮；2—弹簧杆；3—变速手柄；4—变速盘。

图2-37　冲动变速示意图

（2）进给电动机M2的控制

工作台的进给运动在主轴起动后方可进行。工作台的进给可在三个坐标的六个方向运动，即工作台在回转盘上的左右运动；工作台与回转盘一起在溜板上和溜板一起前后运动；升降台在床身的垂直导轨上作上下运动。这些进给运动是通过两个操纵手柄和机械联动机构控制相应的位置开关，使进给电动机M2正转或反转来实现的，并且六个方向的运动是联锁的，不能同时接通。

① 圆形工作台的控制。为了扩大铣床的加工范围，可在铣床工作台上安装附件圆形工作台，进行对圆弧或凸轮的铣削加工。转换开关SA2就是用来控制圆形工作台的。当需要圆工作台工作时，将SA2扳到接通位置，这时触头SA—1和SA2—3（17区）断开，触头SA2—2（18区）闭合，电流经10—13—14—15—20—19—17—18路径，使接触器KM3得电，电动机M2起动，通过一根专用轴带动圆形工作台做旋转运动。当不需要圆形工作台旋转时，转换开关SA2扳到断开位置，这时触头SA2—1和SA2—3闭合，触头SA2—2断开，以保证工作台在六个方向的进给运动，因为圆形工作台的旋转运动和六个方向的进给运动也是联锁。

② 工作台的左右进给运动。工作台的左右进给运动由左右进给操作手柄控制。操作手柄与位置开关SQ5和SQ6联动，有左、中、右三个位置，其控制关系见表2-15。当手柄扳向中间位置时，位置开关SQ5和SQ6均未被压合，进给控制电路处于断开状态；当手柄扳向左或右位置时，手柄压下位置开关SQ5或SQ6，使常闭触头SQ5—2或SQ6—2（17区）分断，常开触头SQ5—1（17区）或SQ6—1（18区）闭合，接触器KM3或KM4得电动作，电动机M2正转或反转。由于在SQ5或SQ6被压合的同时，通过机械机构已将电动机M2的传动

链与工作台下面的左右进给丝杠搭合，所以电动机 M2 的正转或反转就拖动工作台向左或向右运动。当工作台向左或向右进给到极限位置时，由于工作台两端各装有一块限位挡铁，所以挡铁碰撞手柄连杆使手柄自动复位到中间位置，位置开关 SQ5 或 SQ6 复位，电动机的传动链与左右丝杠脱离，电动机 M2 停转，工作台停止了进给，实现了左右运动的终端保护。

表 2-15　工作台左右进给手柄位置及其控制关系

手柄位置	位置开关动作	接触器动作	电动机 M2 转向	传动链搭合丝杠	工作台运动方向
左	SQ5	KM3	正转	左右进给丝杠	向左
中	—	—	停止	—	停止
右	SQ6	KM4	反转	左右进给丝杠	向右

③ 工作台的上下和前后进给。工作台的上下和前后运动是由一个手柄控制的。该手柄与位置开关 SQ3 和 SQ4 联动，有上、下、前、后、中五个位置，其控制关系见表 2-16。当手柄扳至中间位置时，位置开关 SQ3 和 SQ4 均未被压合，工作台无任何进给运动；当手柄扳至下或前位置时，手柄压下位置开关 SQ3 使常闭触头 SQ3—2（17 区）分断，常开触头 SQ3—1（17 区）闭合，接触器 KM3 得电动作，电动机 M2 正转，带动着工作台向下或向前运动；当手柄扳向上或后时，手柄压下位置开关 SQ4，使常闭触头 SQ4—2（17 区）分断，常开触头 SQ4—1（18 区）闭合，接触器 KM4 得电动作，电动机 M2 反转，带动着工作台向上或向后运动。这里，为什么进给电动机 M2 只有正反两个转向，而工作台却能够在四个方向进给呢？这是因为当手柄扳向不同的位置时，通过机械机构将电动机 M2 的传动链与不同的进给丝杠相搭合的缘故。当手柄扳向下或上时，手柄在压下位置开关 SQ3 或 SQ4 的同时，通过机械机构将电动机 M2 的传动链与升降台上下进给丝杠搭合，当 M2 得电正转或反转时，就带动着升降台向下或向上运动；同理，当手柄扳向前或后时，手柄在压下位置开关 SQ3 或 SQ4 的同时，又通过机械机构将电动机 M2 的传动链与溜板下面的前后进给丝杠搭合，当 M2 得电正转或反转时，就又带着溜板向前或向后运动。和左右进给一样，当工作台在上、下、前、后四个方向的任何一方向进给到极限位置时，挡铁都会碰撞手柄连杆，使手柄自动复位到中间位置，位置开关 SQ3 或 SQ4 复位，上下丝杠或前后丝杠与电动机传动链脱离，电动机和工作台就停止了运动。

表 2-16　工作台上、下、中、前、后进给手柄位置及其控制关系

手柄位置	位置开关动作	接触器动作	电动机 M2 转向	传动链搭合丝杠	工作台运动方向
上	SQ4	KM4	反转	上下进给丝杠	向上
下	SQ3	KM3	正转	上下进给丝杠	向下
中	—	—	停止	—	停止
前	SQ3	KM3	正转	前后进给丝杠	向前
后	SQ4	KM4	反转	前后进给丝杠	向后

由以上分析可见，两个操作手柄被置定于某一方向后，只能压下四个位置开关 SQ3、SQ4、SQ5、SQ6 中的一个开关，接通电动机 M2 正转或反转电路，同时通过机械机构将电动机的传动链与三根丝杠（左右丝杠、上下丝杠、前后丝杠）中的一根（只能一根）丝杠相搭

合，拖动工作台沿着选定的进给方向，而不会沿着其他方向运动。

④ 左右进给手柄与上下进给手柄的联锁控制。在两个手柄中，进行其中一个进给方向上的操作，即当一个操作手柄被置定在某一进给方向后，另一个操作手柄必须置于中间位置，否则将无法实现任何进给运动，这是因为在控制电路中对两者实行了联锁保护。如当把左右进给手柄扳向左时，若又将另一进给手柄扳到向下进给方向，则位置开关 SQ5 和 SQ3 均被压下，触头 SQ5—2 和 SQ3—2 分断，断开了接触器 KM3 和 KM4 的通路，电动机 M2 只能停转，保证了操作安全。

⑤ 进给变速时的瞬时点动。和主轴变速时一样，进给变速时，为使齿轮进入良好的啮合状态，也要进行变速后的瞬时点动。进给变速时，必须先把进给操纵手柄放在中间位置，然后将进给变速盘（在升降台前面）向外拉出，使进给齿轮松开，转动变速盘选定进给速度后，再将变速盘向里推回原位，齿轮便重新啮合。在推进的过程中，挡块压下位置开关 SQ2（17区），使触头 SQ2—2 分断，SQ2—1 闭合，接触器 KM3 经 10—19—20—15—14—13—17—18 路径得电动作，电动机 M2 起动；但随着变速盘复位，位置开关 SQ2 跟着复位，使 KM3 断电释放，M2 失电停转。这样使电动机 M2 瞬时点动一下，齿轮系统产生一次抖动，齿轮便顺利啮合了。

⑥ 工作台的快速移动控制。为了提高劳动生产率，减少生产辅助工时，在不进行铣削加工时，可使工作台快速移动。六个进给方向的快速移动是通过两个进给操作手柄和快速移动按钮配合实现的。

安装好工件后，扳动进给操作手柄选定进给方向，按下快速移动，按钮 SB3 或 SB4（两地控制），接触器 KM2 得电，KM2 常闭触头（9区）分断，电磁离合器 YC2 失电，将齿轮传动链与进给丝杠分离；KM2 两对常开触头闭合，一对使电磁离合器 YC3 得电，将电动机 M2 与进给丝杠直接搭合；另一对使接触器 KM3 或 KM4 得电动作，电动机 M2 得电正转或反转，带动工作台沿选定的方向快速移动。由于工作台的快速移动采用的是点动控制，故松开 SQ3 或 SQ4，快速移动停止。

（3）冷却泵及照明电路的控制

主轴电动机 M1 和冷却泵电动机 M3 采用的是顺序控制，即只有在主轴电动机 M1 起动后冷却泵电动机 M3 才能起动。冷却泵电动机 M3 由组合开关 QS2 控制。

铣床照明由变压器 T1 供给 24 V 的安全电压，由开关 SA4 控制。熔断器 FU5 作照明电路的短路保护。

 任务实施

任务名称：	X62 型卧式铣床故障分析及维修

故障现象：工作台能向左、右进给，不能向前、后、上、下进给。

分析：铣床控制工作台各个方向的开关是互相联锁的，使之只有一个方向的运动。因此这种故障的原因可能是控制左右进给的位置开关 SQ5 或 SQ6 由于经常被压合，使螺钉松动、开关移位、触头接触不良、开关机构卡住等，使线路断开或开关不能复位闭合，电路 19—

20 或 15—20 断开。这样当操作台向前、后、上、下运动时，位置开关 SQ3—2 或 SQ4—2 也被压开，断开了进给接触器 KM3、KM4 的通路，造成工作台只能左、右运动，而不能前、后、上、下运动。

维修故障时，用万用表欧姆挡测量 SQ5—2 或 SQ6—2 接触导通情况，查找故障部位，修理或更换元件，就可排除故障，注意在测量 SQ5—2 或 SQ6—2 的接通情况时，应操纵前后上下进给手柄，使 SQ3—2 或 SQ4—2 断开，否则通过 11—10—13—14—15—20—19 的导通，会误认为 SQ5—2 或 SQ6—2 接触良好。

 任务拓展

文本：X62 型卧式铣床电气原理图

X62 型卧式铣床常见电气故障分析

1. 主轴电动机 M1 不能起动

这种故障分析和前面有关的故障分析类似，首先检查各开关是否处于正常工作位置，然后检查三相电源、熔断器、热继电器的常闭触头、两地启停按钮以及接触器 KM1 的位置，看有无电器损坏、接线脱落、接触不良、线圈断路等现象。另外，还应检查主轴变速冲动开关 SQ1，因为由于开关位置移动甚至撞坏，或常闭触头 SQ1—2 接触器不良而引起线路的故障也不少见。

2. 工作台各个方向都不能进给

铣床工作台的进给运动是通过进给电动机 M2 的正反转配合机械传动来实现的。若各个方向都不能进给，多是因为进给电动机 M2 不能起动所引起的。维修故障时，首先检查圆工作台的控制开关 SA2 是否在"断开"位置。若没有问题，接着检查控制主轴电动机的接触器 KM1 是否已经吸合动作。因为只有接触器 KM1 吸合后，控制进给电动机 M2 的接触器 KM3、KM4 才能得电。如果接触器 KM1 不能得电，则表明控制回路电源有故障，可检测控制变压器 TC 一次侧、二次侧线圈和电源电压是否正常，熔断器是否熔断。待电压正常，接触器 KM1 吸合，主轴旋转后，若各个方向仍无进给运动，可扳动进给手柄至各个运动方向，观察其相关的接触器是否吸合，若吸合，则表明故障发生在主回路和进给电动机上，常见的故障有接触器主触头接触不良、主触头脱落、机械卡死、电动机接线脱落和电动机绕组断路等。除此以外，由于经常扳动操作手柄，开关受到冲击，使位置开关 SQ2—2 在复位时不能闭合接通，或接触不良，也会使工作台没有进给。

3. 工作台能向前、后、上、下进给，不能向左、右进给

出现这种故障的原因及排除方法可参照上例说明分析，不过故障元件可能是位置开关的常闭触头 SQ3—2 或 SQ4—2。

4. 工作台不能快速移动，主轴制动失灵

这种故障往往是电磁离合器工作不正常所致。首先应检查接线有无松脱，整流变压器 T2、

熔断器 FU3、FU6 的工作是否正常，整流器中的四个整流二极管是否损坏。若有二极管损坏，将导致输出直流电压偏低，吸力不够。其次，电磁离合器线圈是用环氧树脂黏合在电磁离合器的套筒内，散热条件差，易发热而烧毁。另外，由于离合器的动摩擦片和静摩擦片经常摩擦，因此它们是易损件，维修时应重视。

5. 变速时不能冲动控制

这种故障多数是由于冲动位置开关 SQ1 或 SQ2 经常受到频繁冲击，使开关位置改变（压下上开关），甚至开关底座被撞坏或接触不良，使线路断开，从而造成主轴电动机 M1 或进给电动机 M2 不能瞬时点动。出现这种故障，维修或更换开关，并调整好开关的动作距离，即可恢复冲动控制。

T68型卧式镗床电气维修

镗床是一种精密加工机床，主要用于加工精确度高的孔和孔间距离要求较为精确的零件，如一些箱体零件（机床主轴箱、变速箱等）。镗床的加工形式主要是用镗刀镗削在工件上已铸出或已粗钻的孔，除此之外，大部分镗床还可以进行铣削、钻孔、扩孔、铰孔等加工。

镗床的主要类型有卧式镗床、坐标镗床、金刚镗床和专用镗床等，其中以卧式镗床应用最广。本任务主要介绍T68型卧式镗床的电气控制线路及维修。

任务描述

现有一台T68型卧式镗床。通电后，其电气控制线路出现局部性故障。具体表现为：主轴电动机正、反转都不能实现。

任务要求：对T68型卧式镗床的电气控制线路进行分析，掌握其工作原理；选用恰当的检测工具，选择合适的检测方法进行镗床故障分析。

相关知识

2.4.1 T68型卧式镗床电气分析

1. T68型卧式镗床的结构

T68型卧式镗床结构如图2-38所示，T68卧式镗床主要由床身、前立柱、工作台、后立柱和后支承架等组成。

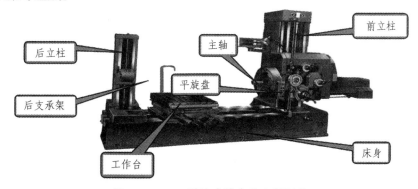

图2-38 T68型卧式镗床的主要结构

床身是一个整体的铸件，在它的一端固定有前立柱，在前立柱的垂直导轨上装有镗头架，镗头架可沿导轨上下移动。镗头架里集中地装有主轴部分、变速箱、进给箱与操纵机构等部件。切削刀具固定在镗轴前端的锥形孔里，或装在花盘上的刀具溜板上。在工作过程中，镗轴一面旋转，一面沿轴向作进给运动。而花盘只能旋转，装在其上的刀具溜板则可作垂直于主轴轴线方向的径向进给运动。镗轴和花盘主轴是通过单独的传动链传动，因此它们可以独立转动。

2. T68 型卧式镗床的运动形式

T68 型卧式镗床的运动形式有主运动、进给运动和辅助运动。

（1）主运动。镗轴或平旋盘的旋转运动。镗刀装在镗轴前端的孔内或装在花盘的刀具溜板上。

（2）进给运动。进给运动包括镗轴的轴向进给运动；平旋盘上刀具溜板的径向进给运动；主轴箱的垂直进给运动和工作台的纵向和横向进给运动。

（3）辅助运动。辅助运动包括主轴箱、工作台等的进给运动上的快速调位移动；后立柱的纵向调位移动；后支承架与主轴箱的垂直调位移动和工作台的转位运动。

机床的主运动及各种常速进给运动是由主轴电动机来驱动，但机床各部分的快速进给运动是由快速进给电动机来驱动。

3. 电力拖动特点及控制要求

（1）卧式镗床的主运动和进给运动多用同一台异步电动机拖动。为了适应各种形式和各种工件的加工，要求镗床的主轴有较宽的调速范围，因此多采用由双速或三速笼型异步电动机拖动的滑移齿轮有级变速系统。采用双速或三速电动机拖动，可简化机械变速机构。目前，采用电力电子器件控制的异步电动机无级调速系统已在镗床上获得广泛应用。

（2）镗床的主运动和进给运动都采用机械滑移齿轮变速，为有利于变速后齿轮的啮合，要求有变速冲动。

（3）要求主轴电动机能够正反转，可以点动进行调整，并要求有电气制动，通常采用反接制动。

（4）卧式镗床的各进给运动部件要求能快速移动，一般由单独的快速进给电动机拖动。

2.4.2　T68 型卧式镗床的电气控制分析

T68 型卧式镗床电气控制线路如图 2-39 所示。

文本：T68 型卧式镗床电气原理图

视频：T68 型卧式镗床的电气控制分析

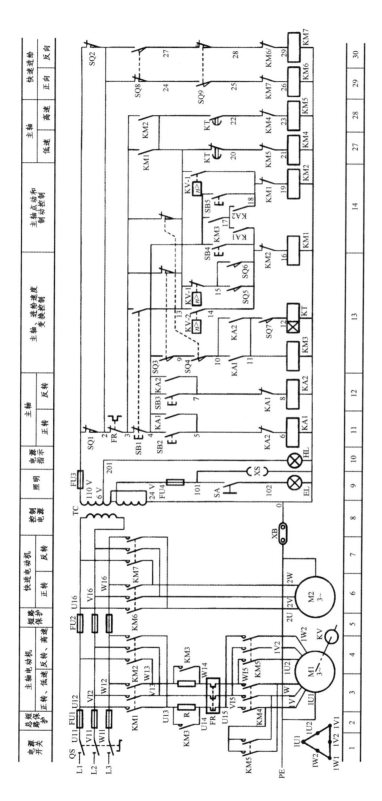

图 2-39　T68 镗床电气原理图

1. 主电路

T68 卧式镗床电气控制线路有两台电动机：一台是主轴电动机 M1，作为主轴旋转及常速进给的动力，同时还带动润滑油泵；另一台为快速进给电动机 M2，作为各进给运动的快速移动的动力。

M1 为双速电动机，由接触器 KM4、KM5 控制：低速时 KM4 吸合，M1 的定子绕组为三角形连接，$n = 1\,460$ r/min；高速时 KM5 吸合，KM5 为两只接触器并联使用，定子绕组为双星形连接，$n = 2\,880$ r/min。KM1、KM2 控制 M1 的正反转。KS 为与 M1 同轴的速度继电器，在 M1 停车时，由 KS 控制进行反接制动。为了限制起、制动电流和减小机械冲击，M1 在制动、点动及主轴和进给的变速冲动时串入了限流电阻器 R，运行时由 KM3 短接。热继电器 FR 作 M1 的过载保护。

M2 为快速进给电动机，由 KM6、KM7 控制正反转。由于 M2 是短时工作制，所以不需要用热继电器进行过载保护。

QS 为电源引入开关，FU1 提供全电路的短路保护，FU2 提供 M2 及控制电路的短路保护。

控制电路由控制变压器 TC 提供 110 V 工作电压，FU3 提供变压器二次侧的短路保护。控制电路包括 KM1～KM7 七个交流接触器和 KA1、KA2 两个中间继电器，以及时间继电器 KT 共十个电器的线圈支路，该电路的主要功能是对主轴电动机 M1 进行控制。在起动 M1 之前，首先要选择好主轴的转速和进给量（在主轴和进给变速时，与之相关的行程开关 SQ3～SQ6 的状态见表 2-17），并且调整好主轴箱和工作台的位置[再调整好行程开关 SQ1、SQ2 的动断触点（1—2）均处于闭合接通状态]。

表 2-17　主轴和进给变速行程开关 SQ3～SQ6 状态表

	相关行程开关的触点	①正常工作时	②变速时	③变速后手柄推不上时
主轴变速	SQ3（4—9）	+	−	−
	SQ3（3—13）	−	+	+
	SQ5（14—15）	−	−	+
进给变速	SQ4（9—10）	+	−	−
	SQ4（3—13）	−	+	+
	SQ6（14—15）	−	+	+

注：+ 表示接通，− 表示断开。

（1）M1 的正反转控制

SB2、SB3 分别为正、反转起动按钮，下面以正转起动为例：

按下 SB2→KA1 线圈通电自锁→KA1 动合触点（10—11）闭合，KM3 线圈通电→KM3 主触点闭合短接电阻 R；KA1 另一对动合触点（14—17）闭合，与闭合的 KM3 辅助动合触点（4—17）使 KM1 线圈通电→KM1 主触点闭合；KM1 动合辅助触点（3—13）闭合，KM4 通电，电动机 M1 低速起动。

同理，在反转起动运行时，按下 SB3，相继通电的电器为：KA2→KM3→KM2→KM4。

（2）M1 的高速运行控制

若按上述起动控制，M1 为低速运行，此时机床的主轴变速手柄置于"低速"位置，微动开关 SQ7 不吸合，由于 SQ7 动合触点（11—12）断开，时间继电器 KT 线圈不通电。要使 M1 高速运行，可将主轴变速手柄置于"高速"位置，SQ7 动作，其动合触点（11—12）闭合，这样在起动控制过程中 KT 与 KM3 同时通电吸合，经过 3 s 左右的延时后，KT 的动断触点（13—20）断开而动合触点（13—22）闭合，使 KM4 线圈断电而 KM5 通电，M1 为 YY 连接高速运行。无论是当 M1 低速运行时还是在停车时，若将变速手柄由低速挡转至高速挡，M1 都是先低速起动或运行，再经 3 s 左右的延时后自动转换至高速运行。

（3）M1 的停车制动

M1 采用反接制动，KS 为与 M1 同轴的反接制动控制用的速度继电器，它在控制电路中有三对触点：动合触点（13—18）在 M1 正转时动作，另一对动合触点（13—14）在反转时闭合，还有一对动断触点（13—15）提供变速冲动控制。当 M1 的转速达到约 120 r/min 以上时，KV 的触点动作；当转速降至 40 r/min 以下时，KS 的触点复位。下面以 M1 正转高速运行、按下停车按钮 SB1 停车制动为例进行分析：

按下 SB1→SB1 动断触点（3—4）先断开，先前得电的线圈 KA1、KM3、KT、KM1、KM5 相继断电→然后 SB1 动合触点（3—13）闭合，经 KS－1 使 KM2 线圈通电→KM4 通电 M1 三角形接法串电阻反接制动→电动机转速迅速下降至 KS 的复归值→KS－1 动合触点断开，KM2 断电→KM2 动合触点断开，KM4 断电，制动结束。

如果是 M1 反转时进行制动，则由 KS－2（13—14）闭合，控制 KM1、KM4 进行反接制动。

（4）M1 的点动控制

SB4 和 SB5 分别为正反转点动控制按钮。当需要进行点动调整时，可按下 SB4（或 SB5），使 KM1 线圈（或 KM2 线圈）通电，KM4 线圈也随之通电，由于此时 KA1、KA2、KM3、KT 线圈都没有通电，所以 M1 串入电阻低速转动。当松开 SB4（或 SB5）时，由于没有自锁作用，所以 M1 为点动运行。

（5）主轴的变速控制

主轴的各种转速是由变速操纵盘来调节变速传动系统而取得的。在主轴运转时，如果要变速，可不必停车。只要将主轴变速操纵盘的操作手柄拉出（如图 2-40 所示，将手柄拉至②的位置），与变速手柄有机械联系的行程开关 SQ3、SQ5 均复位（见表 2-17），此后的控制过程如下（以正转低速运行为例）：

将变速手柄拉出→SQ3 复位→SQ3 动合触点断开→KM3 和 KT 都断电→KM1 断电 KM4 断电，M1 断电后由于惯性继续旋转。

SQ3 动断触点（3—13）后闭合，由于此时转速较高，故 KS—1 动合触点为闭合状态→KM2 线圈通电→KM4 通电，电动机 D 接法进行制动，转速很快下降到 KV 的复位值→KS—1 动合触点断开，KM2、KM4 断电，断开 M1 反向电源，制动结束。

转动变速盘进行变速，变速后将手柄推回→SQ3 动作→SQ3 动断触点（3—13）断开；动合触点（4—9）闭合，KM1、KM3、KM4 重新通电，M1 重新起动。

由以上分析可知，如果变速前主电动机处于停转状态，那么变速后主电动机也处于停转状态。若变速前主电动机处于正向低速（D 形连接）状态运转，由于中间继电器仍然保持通电状态，变速后主电动机仍处于 D 形连接下运转。同样道理，如果变速前电动机处于高速（YY）正转状态，那么变速后，主电动机仍先连接成 D 形，再经 3 s 左右的延时，才进入 YY 连接高速运转状态。

（6）主轴的变速冲动

SQ5 为变速冲动行程开关，由表 2-17 可见，在不进行变速时，SQ5 的动合触点（14—15）是断开的；在变速时，如果齿轮未啮合好，变速手柄就合不上，即在图 2-40 中处于③的位置，则 SQ5 被压合→SQ5 的动合触点（14—15）闭合→KM1 由（13—1514—16）支路通电→KM4 线圈支路也通电→M1 低速串电阻起动→当 M1 的转速升至 120 r/min 时→KS 动作，其动断触点（13—15）断开→KM1、KM4 线圈支路断电→KS—1 动合触点闭合→KM2 通电→KM4 通电，M1 进行反接制动，转速下降→当 M1 的转速降至 KS 复位值时，KS 复位，其动合触点断开，M1 断开制动电源；动断触点（13—15）又闭合→KM1、KM4 线圈支路再次通电→M1 转速再次上升……，这样使 M1 的转速在 KS 复位值和动作值之间反复升降，进行连续低速冲动，直至齿轮啮合好以后，方能将手柄推合至图 2-40 中①的位置，使 SQ3 被压合，而 SQ5 复位，变速冲动才告结束。

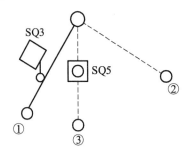

图 2-40　主轴变速手柄位置示意图

（7）进给变速控制

与上述主轴变速控制的过程基本相同，只是在进给变速控制时，拉动的是进给变速手柄，动作的行程开关是 SQ4 和 SQ6。

（8）快速移动电动机 M2 的控制

为缩短辅助时间，提高生产效率，由快速移动电动机 M2 经传动机构拖动镗头架和工作台作各种快速移动。运动部件及运动方向的预选由装在工作台前方的操作手柄进行，而控制则是由镗头架的快速操作手柄进行。当扳动快速操作手柄时，将压合行程开关 SQ8 或 SQ9，接触器 KM6 或 KM7 通电，实现 M2 快速正转或快速反转。电动机带动相应的传动机构拖动预选的运动部件快速移动。将快速移动手柄扳回原位时，行程开关 SQ5 或 SQ6 不再受压，KM6 或 KM7 断电，电动机 M2 停转，快速移动结束。

（9）联锁保护

为了防止工作台及主轴箱与主轴同时进给，将行程开关 SQ1 和 SQ2 的动断触点并联接在控制电路（1—2）中。当工作台及主轴箱进给手柄在进给位置时，SQ1 的触点断开；而当主轴的进给手柄在进给位置时，SQ2 的触点断开。如果两个手柄都处在进给位置，则 SQ1、SQ2 的触点都断开，机床不能工作。

照明电路和指示灯电路由变压器 TC 提供 24 V 安全电压供给照明灯 EL，EL 的一端接地，SA 为灯开关，由 FU4 提供照明电路的短路保护。XS 为 24 V 电源插座。HL 为 6 V 的电源指示灯。

 任务实施

| 任务名称： | T68 型卧式镗床故障分析及维修 |

故障现象：主轴电动机正、反转都不能实现。

分析：首先应检查电动机在"正向点动"和"反向点动"位时能否点动。若能点动，说明主电路无故障，控制电路中正、反转接触器 KM1、KM2 及其后面电路也无故障，故障应在与中间继电器 KA1、KA2、接触器 KM3 有关的电路中。

维修时，用万用表欧姆挡进行测试。如按钮 SB2、SB3 是否接触良好，KM3 线圈是否有断裂或脱落，行程开关 SQ1 - 1、SQ3 - 1 是否接触不良；若正、反向点动均不能进行，则应注意是否能听到接触器 KM1、KM2、KM4 的吸合声。若无吸合声，说明故障在电源及控制电路部分，应检查熔断器 FU1、FU2、FU3 是否熔断，热继电器 FR 是否因过载而脱扣，或因整定电流过小而动作，使整个控制电路断电。这种情况下，应查明电动机过载的原因，并予以排除。若是整定电流过小，则将其调到电动机的额定电流值。其次，还要检查 KM1、KM2、KM4 线圈及有关电路。如停止按钮 SB1 常闭触点、时间继电器 KT 延时断开常闭触点是否接触良好；若 KM1、KM2、KM4 吸合正常，说明故障在主电路中，应检查接触器 KM1、KM2、KM4 主触是否接触不良，电动机绕组是否断线或接线脱落等。

 任务拓展

T68 型卧式镗床常见电气故障分析

镗床常见电气故障的诊断与检修与铣床大致相同，但由于镗床的机—电联锁较多，且采用双速电动机，所以会有一些特有的故障，现举例分析如下：

（1）主轴的转速与标牌的指示不符。

这种故障一般有两种现象：第一种是主轴的实际转速比标牌指示转数增加或减少一半，第二种是 M1 只有高速或只有低速。前者大多是由于安装调整不当而引起的。T68 型镗床有18 种转速，是由双速电动机和机械滑移齿轮联合调速来实现的。第 1，2，4，6，8，… 挡是由电动机以低速运行驱动的，而 3，5，7，9，… 挡是由电动机以高速运行来驱动的。由以上分析可知，M1 的高低速转换是靠主轴变速手柄推动微动开关 SQ7，由 SQ7 的动合触点（11—12）通、断来实现的。如果安装调整不当，使 SQ7 的动作恰好相反，则会发生第一种故障。而产生第二种故障的主要原因是 SQ7 损坏（或安装位置移动）：如果 SQ7 的动合触点（11—12）总是接通，则 M1 只有高速；如果总是断开，则 M1 只有低速。此外，KT 的损坏（如线圈烧断、触点不动作等），也会造成此类故障发生。

（2）M1 能低速起动，但置"高速"挡时，不能高速运行而自动停机。

M1 能低速起动，说明接触器 KM3、KM1、KM4 工作正常；而低速起动后不能换成高速运行且自动停机，又说明时间继电器 KT 是工作的，其动断触点（13—20）能切断 KM4 线圈支路，而动合触点（13—22）不能接通 KM5 线圈支路。因此，应重点检查 KT 的动合触点（13—22）；此外，还应检查 KM4 的互锁动断触点（22—23）。按此思路，接下去还应检查 KM5 有无故障。

（3）M1 不能进行正反转点动、制动及变速冲动控制。

其原因往往是上述各种控制功能的公共电路部分出现故障，如果伴随着不能低速运行，则故障可能出在控制电路 13—20—21—0 支路中有断开点。否则，故障可能出在主电路的制动电阻器 R 及引线上有断开点。如果主电路仅断开一相电源，电动机还会伴有断相运行时发出的"嗡嗡"声。

思考与练习

1. 简述接触器的工作原理及接线端子标识。

2. 给如图 2-41 所示的电路编写线号。

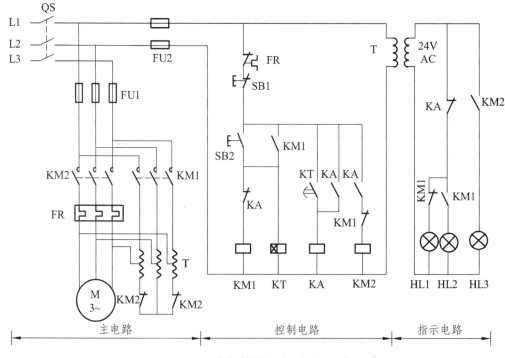

图 2-41　自耦补偿起动器控制电路

3. 如果热继电器动作不稳定，可能的原因有哪些？如何处理？

4. JS-A 系列时间继电器的延时时间变短，可能的原因有哪些？如何处理？

5. 利用仪表排除电气故障有哪几种方法？

6. 在 CA6140 卧式车床中，若主轴电动机 M1 只能点动，则可能的故障原因有哪些？在此情况下，冷却泵电动机能否正常工作？

7. CA6140 卧式车床的主轴电动机不能停车，造成这种故障的原因是什么？

8. 如果 X62W 万能铣床的工作台能左右进给，但不能前后、上下进给，试分析故障原因。

9. 描述一次你在机床电气维修中遇到的复杂故障及其解决过程。在解决该故障的过程中，你是如何体现"精益求精、追求卓越"的工匠精神的？请结合具体实例进行分析。

10. 在机床电气维修中，团队协作是不可或缺的。请分享一次你与团队成员共同解决问题的经历。在这次经历中，你是如何体现"团结协作、互助共赢"的团队精神的？

11. 随着技术的不断发展，机床电气维修工作也需要不断创新。请谈谈你在工作中是如何进行创新思考的，并举例说明你的创新成果。

项目 3

电气控制电路的设计、仿真与调试

项目引领

电气控制对于设备相当于大脑对于人体，是设备运行控制的核心。如果要对设备进行维修，就需掌握设备的电气控制电路，尤其是对常规电路元器件安装使用和电路连接须熟练掌握。

软件仿真技术使控制过程能够在虚拟环境中进行调试和测试，从而在不干扰实际生产的情况下，显著提高开发效率并降低潜在风险；减少了物理原型的需求，降低了研发和测试成本，并提供了丰富的数据支持用于生产过程分析和决策制定；减少了物理测试对环境的影响，符合可持续发展的要求。随着技术的进步，仿真软件在工业领域的应用将越来越广泛，使我们能够更加深入地理解设备的控制过程，从而更加高效地进行设备的维修和优化，成为推动工业自动化和智能化发展的重要工具。

本项目以宇龙机电控制仿真软件为载体，介绍电气控制电路的设计、仿真和调试，为机电设备电气维修提供强有力的技术支持。

学习目标

知识目标	能力目标	素质目标
1. 熟悉宇龙机电控制仿真软件界面、功能和操作流程； 2. 掌握宇龙机电控制仿真软件在机电控制系统和 PLC 控制系统中的应用。	1. 具有在仿真环境中对电气控制电路进行设计、调试，发现并解决电路中故障的能力； 2. 具有 PLC 编程能力，能够根据控制要求编写 PLC 程序，实现对电动机或机床设备的控制。	1. 在设计和调试过程中有严谨、细致的工作态度，确保电路设计的正确性和可靠性； 2. 在学习过程中保持对新知识、新技能的求知欲，不断拓宽知识面，提高个人素质； 3. 激发创新思维，鼓励在电路设计和控制方法上提出新想法和解决方案。

任务 3.1　三相异步电动机单向运转

电动机单向连续运行控制是设备安装与维修中的基础控制技术，在机床电气控制以及自动化生产线等多个关键领域扮演着不可或缺的角色。例如，在工业生产线中，电动机作为驱动设备的关键部件，通过连续运行控制确保机械设备的高效稳定运行，提升整体生产效率；在家庭电器中，如空调和洗衣机，电动机连续运行控制技术实现了更加智能和节能的运行模式，提高了用户的使用体验；在交通运输领域，电动汽车和高速列车等交通工具通过电动机连续控制技术，实现了更加平稳和安全的行驶过程。

本任务主要实现电动机单向运行控制在宇龙机电控制仿真软件的搭建与调试。通过软件仿真，可以实现在没有实际硬件的情况下模拟电动机的单向连续运行控制过程。这不仅能够减少在实际设备上进行测试所需的成本，且降低了由于测试错误或设备损坏带来的风险，在降低成本、提高效率等方面具有重要意义。

任务描述

CA6140 卧式车床主轴电动机，当按下起动按钮时，电动机单向连续运行；按下停止按钮时，电动机停止。使用宇龙机电控制仿真软件搭建电路模型，实现主轴电动机单向运行电路的设计、仿真与调试。

相关知识

3.1.1　宇龙机电控制仿真软件机电控制系统

3.1.1.1　运行"宇龙机电控制仿真软件"

加密锁启动之后，在"开始→程序→宇龙机电控制仿真软件"菜单里点击"宇龙机电控制仿真软件"运行软件，弹出如图 3-1 所示的登录界面。

点击"快速登录"，以普通用户方式登录即可。

3.1.1.2　机电控制系统

启动程序后，默认进入的是宇龙机电控制仿真软件的"机电控制系统"功能界面，如图 3-2 所示。展示的是浮动界面，界面由标题栏、菜单栏、工具栏、元器件库和机电控制仿真平台几部分组成。

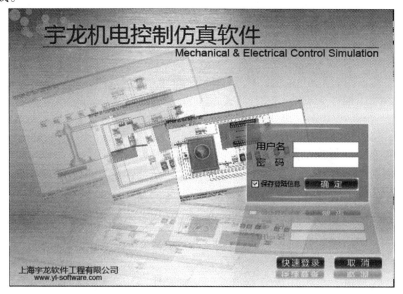

图 3-1 宇龙机电控制软件登录界面

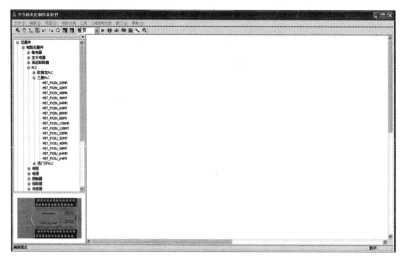

图 3-2 功能界面

1. 标题栏

标题栏位于界面的最上方，如图 3-3 所示。

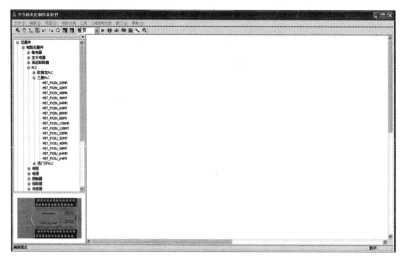

图 3-3 标题栏

2. 菜单栏

菜单栏位于标题栏的下方，如图 3-4 所示。

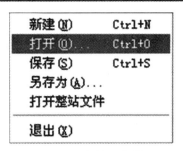

| 文件 (F) | 模式 | 编辑 (E) | 视图 (V) | 电路仿真 | 工具 | 三维控制对象 | 原理图转化 | 窗口 (W) | 帮助 (H) |

图 3-4　菜单栏

注："模式"子菜单只有管理员用户才有，普通用户没有，其他子菜单普通用户与管理员用户相同。

（1）点击"文件"子菜单，弹出如图 3-5 所示的操作。

① 点击"新建"，弹出子系统选择界面，如图 3-6 所示。

新建 (N)	Ctrl+N
打开 (O)...	Ctrl+O
保存 (S)	Ctrl+S
另存为 (A)...	
打开整站文件	
退出 (X)	

图 3-5　文件子菜单

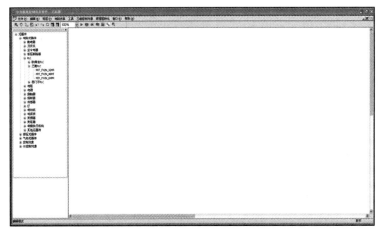

图 3-6　新建项目

② 点击"打开"，弹出如图 3-7 所示的打开文件对话框，选择需要打开后缀名为.ylp 的文件。

图 3-7　打开文件对话框

③ 点击"保存"或"另存为"，弹出如图 3-8 所示的存储界面，可保存后缀名为.ylp 的文件。

图 3-8　保存文件界面

（2）点击"编辑"子菜单，弹出如图 3-9 所示的操作界面。

① 点击"查找"，弹出如图 3-10 所示的界面。

图 3-9　编辑子菜单

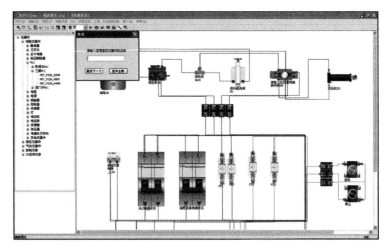

图 3-10　查找界面

② 输入要查找的元器件名称，在平台上查找所需元器件。

③ 点击"选取"，可以在平台上进行元器件的选择。

④ 点击"抓手工具"，把鼠标移动到平台上，鼠标变成小手的形状，点击左键并移动鼠标，可以就将整个平台上的元器件进行整体移动。

⑤ 点击"导线"，弹出如图 3-11 所示的界面。

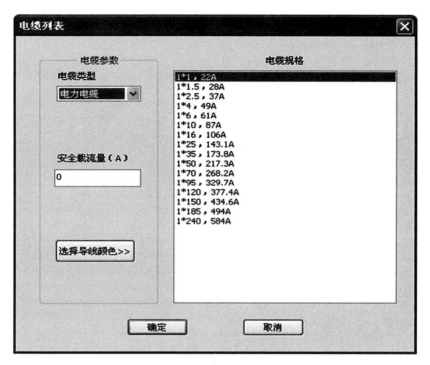

图 3-11 导线选择界面

根据用户的需求，选择电缆类型、电缆规格以及导线的颜色，完成电路元器件的搭建。

① 点击"液动管道"，可以对液压元器件进行搭建。

② 点击"气动管道"，可以对气动元器件进行搭建。

③ 在平台上选取某个元器件，再点击"编辑"菜单里的"元器件特性"，弹出如图 3-12 所示的元器件基本属性界面。

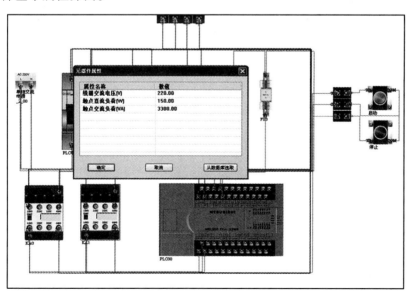

图 3-12 元器件基本属性界面

④ 在平台上选取某个元器件，再点击"编辑"菜单里的"剪贴、复制、粘贴、删除"，

可以完成对元器件的相应操作。

⑤ 点击"撤销"，可以对完成的操作进行恢复，最多可恢复16次操作。

（3）点击"视图"子菜单，在实物连线模式下弹出如图3-13所示的操作界面。

图 3-13　视图子菜单界面

① 点击"工具栏"，弹出或隐藏如图3-14所示的工具栏。

图 3-14　工具栏

② 点击"状态栏"，弹出或隐藏如图3-15所示的状态栏。

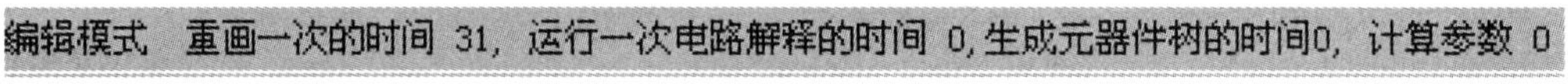

编辑模式　重画一次的时间 31，运行一次电路解释的时间 0，生成元器件树的时间0，计算参数　0

图 3-15　状态栏

③ 点击"原理接线视图"，弹出如图3-16所示的界面。

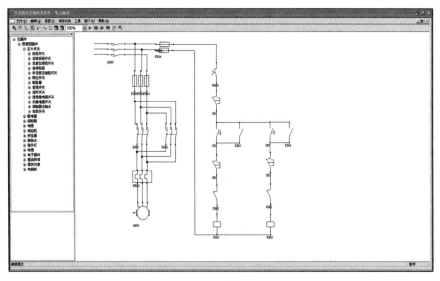

图 3-16　原理接线图界面

注：在原理图模式下，"视图"子菜单中显示的是实物连接模式。

④ 点击"实物接线模式"，弹出如图 3-17 所示的界面。

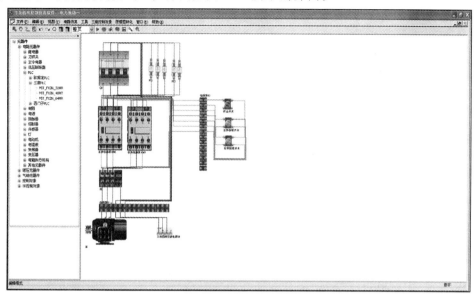

图 3-17　实物接线图界面

⑤ 点击"刷新工程树"，即元器件库重新获取所有元器件。

⑥ 点击"显示工程树"，可以弹出或隐藏"工程树显示区"，此处即"元器件选择区"，如图 3-18 所示。

⑦ 点击"放大镜"，弹出如图 3-19 所示的窗口。

图 3-18　元器件选择区

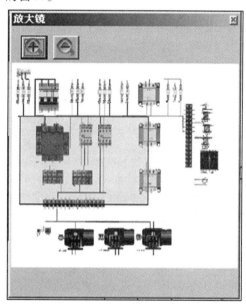

图 3-19　放大镜

通过点击 ，改变选取框的大小，通过移动选取框，查看平台上的元器件，如图 3-20 所示。

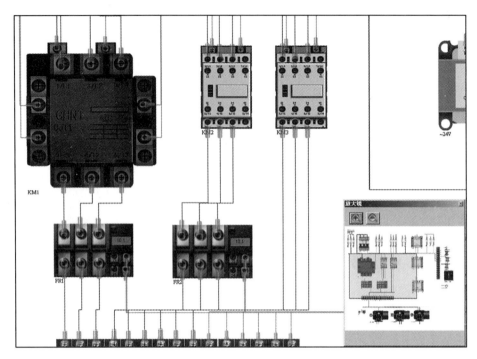

图 3-20　电路缩放

⑧ 点击"显示全部导线""显示选中导线""显示选中与相关导线"，根据用户的需求可以隐藏部分导线，便于用户的观察与操作。

⑨ 点击"显示不可见元器件"，可以弹出已隐藏的元器件，便于用户的观察与操作。

⑩ 点击"显示比例"，可调整整个仿真工作区的显示比例，以便更清楚显示工作区的元器件。

（4）点击"电路仿真"子菜单，显示如图 3-21 所示的菜单。

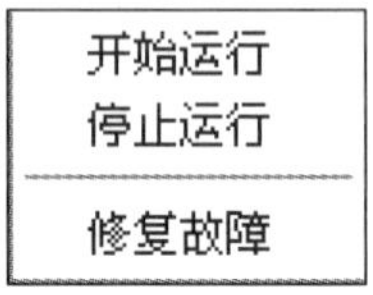

图 3-21　电路仿真

① 点击"开始运行"，启动机电控制仿真平台。用于通车运行时，必须先启动机电控制仿真平台，否则平台上的元器件失去作用。

② 点击"停止运行"，停止机电控制仿真平台。用于通车结束时，必须先停止机电控制仿真平台，否则不能对平台上的系统进行修改。

（5）点击"工具"子菜单，弹出如图 3-22 所示的操作界面。

注意：启动机电控制仿真平台的时候使用可用这些工具对仿真工作区中搭建的电路进行测量。

① 点击"万用表"，显示如图 3-23 所示的万用表。

② 点击"钳形表"，显示如图 3-24 所示的钳形表。

万用表
钳形表
PLC

图 3-22　工具

图 3-23　万用表

图 3-24　钳形表

（6）点击"窗口"子菜单，弹出如图 3-25 所示的操作界面。

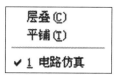

图 3-25　窗口

① 点击"层叠"，则"电路编辑区"窗口按层叠样式显示。

② 点击"平铺"，则"电路编辑区"窗口按平铺样式显示。

3. 工具栏

工具栏位于菜单栏的下方，如图 3-26 所示。

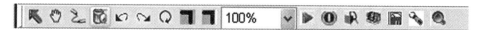

图 3-26　工具栏

工具栏中各图标功能说明见表 3-1。

表 3-1　工具栏各图标功能说明

图　　标	功　　能
	选取——设置当前状态为选取状态，可以选取元器件
	抓手工具——整体移动元器件
	导线——将当前状态设置为导线状态，可以为电路元器件连接导线
	删除——删除当前选中的元器件

图　　标	功　　　能
撤销——返回到上一次操作	撤销——返回到上一次操作
恢复	恢复——恢复到原来的操作
旋转	旋转——逆时针旋转当前选中的元器件
液动管道	液动管道——将当前状态设置为液动管道状态，可以对液路元器件进行连接
气动管道	气动管道——将当前状态设置为气动管道状态，可以对气路元器件进行连接
100%	改变视图的缩放比例
启动	启动机电控制仿真平台
停止	停止机电控制仿真平台
调整	将视图调整为屏幕大小
接线图	查看元器件的接线图，再点击可还原为实物图
万用表	万用表——弹出万用表，用于测量电压和电阻值
钳形表	钳形表——弹出钳形表，用于测量电流值
放大镜	放大镜——可以改变元器件的大小，细部查看元器件

4. 元器件库

工具栏的下方左边部分是"元器件选择区"，用鼠标左键单击某个元器件时，下方会显示该元器件的图片，如图 3-27 所示。

当鼠标右键点击某个元器件时，会弹出菜单，有"刷新"和"元器件特性"的选项，"刷新"选项指从服务器上重新获取元器件；点击"元器件特性"选项，弹出元器件属性对话框。

5. 仿真操作区

主界面的空白部分为"仿真操作区"，用户可根据需求将元器件库里面的元器件添加到仿真操作区上。在这个操作区上，用户可以自由搭建各种自己所需要的机电控制系统，并可以对系统进行直观的模拟仿真。

图 3-27　元器件选择区

3.1.1.3 电路仿真

1. 单个添加元器件

用鼠标左键单击元器件选择区的某个元器件后，鼠标移动至机电控制仿真平台上，光标变成正方形，表示已选中某个元器件。在仿真编辑区点击鼠标左键，即可在仿真平台上添加该元器件，如图 3-28 所示。

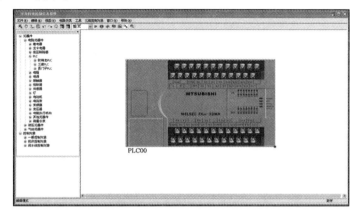

图 3-28　单个添加元器件

2. 连续添加元器件

用鼠标左键选中元器件，双击选择区的某个元器件后，鼠标移动至机电控制仿真平台上，光标变成正方形，表示已选中某个元器件。在仿真编辑区点击鼠标左键，即可在仿真平台上添加该元器件，再次点击鼠标左键，可在仿真平台上再次添加该元器件，如图 3-29 所示。

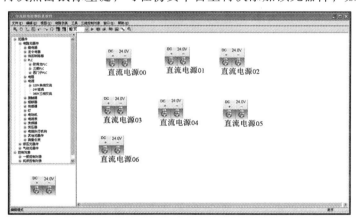

图 3-29　连续添加元器件

3.1.1.4 电路仿真实例

下面将以具体的实例，来讲解如何使用机电控制仿真平台实现机电系统的模拟仿真。

【示例 1】编辑一个用刀开关控制电灯的家用照明电路。

1. 分析系统的组成

通过分析照明电路系统的控制要求，得知该系统需用到 220 V 交流电源、1 个刀开关和 1 个电灯。

2. 在仿真平台上添加元器件

（1）到元器件选择区中电源栏下，选取单相交流电源，单击"单相交流电源-2"选项，将鼠标移动至机电控制仿真平台的合适位置，单击鼠标左键，添加电源，如图 3-30 所示。

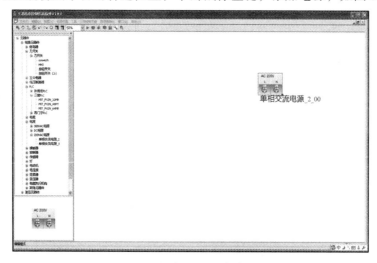

图 3-30　添加 220 V 交流电源

（2）单击元器件选择区中"开关"下的"刀开关"中的 sssswitch 选项，将鼠标移动至机电控制仿真平台中的合适位置，单击鼠标左键，添加刀开关，如图 3-31 所示。

图 3-31　添加刀开关

（3）单击元器件选择区中"灯"下的"light"选项，将鼠标移动至电路编辑区中的合适位置，单击鼠标左键，添加灯，如图 3-32 所示。

图 3-32　添加灯

3. 组建照明系统

利用平台上的工具栏对照明系统进行搭建。

（1）利用工具栏中的 ，在平台上对系统的组成器件进行移动，将元器件摆放到合适的位置。

用鼠标单击工具栏中的 ，将鼠标移动在元器件上，左键单击元器件不放，移动鼠标，改变元器件在平台上的位置，如图 3-33 所示。

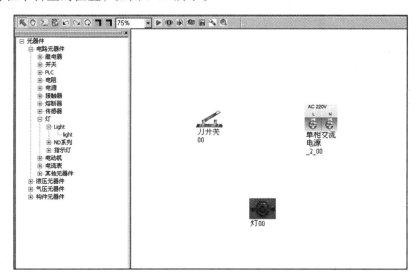

图 3-33

如果需要对元器件进行旋转，先把鼠标的状态点击 变为选择状态，对要旋转的器件单击，选择要旋转的器件，再点击工具栏中的 ，就可完成器件的旋转。

（2）用鼠标单击工具条中的 按钮，弹出如图 3-34 所示的对话框，根据系统的要求选择电缆类型、电缆规格和导线的颜色，选择完毕，点击 确定 即可。

图 3-34

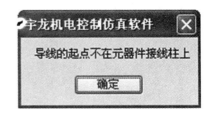

图 3-35

光标变成十字形状，点击鼠标左键，确定导线的起始位置，导线的起始点必须是元器件的接线柱，如果没有点中某个元器件的接线柱，将会弹出如图 3-35 所示的提示对话框。

当选中某元器件的接线柱后，可以通过移动鼠标来控制导线的绘制方向，如图 3-36 和图 3-37 所示。

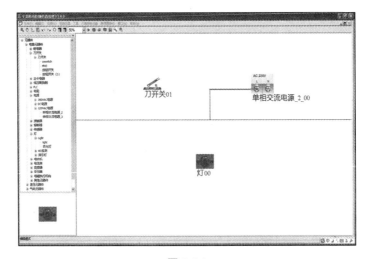

图 3-36

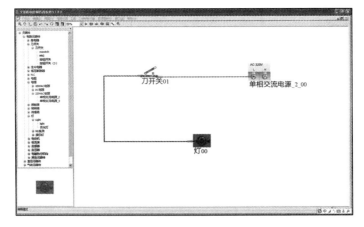

图 3-37

注意：连接导线时，导线需要拐弯时，要点一下鼠标左键，才能改变导线的方向。连接好后的电路如图 3-38 所示。

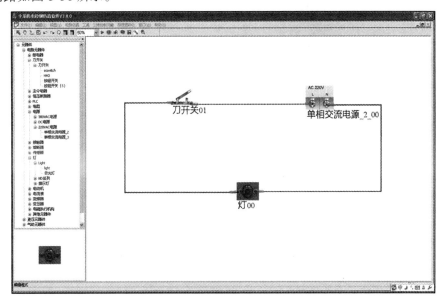

图 3-38

（3）点击工具栏中 ![按钮]，设置为选择状态，如对电路编辑区中某元器件的位置还不满意，可以通过点击该元器件予以选中，然后移动鼠标来移动元器件的位置。

此时，利用工具栏中的 ![图标]，可以查看元器件的接线图。

用鼠标点击工具栏中的 ![图标]，可以看到元器件的接线图，如图 3-39 所示，再次点击，则回到器件的实物图。

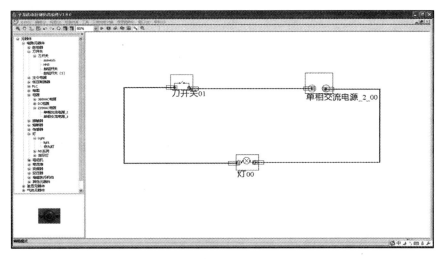

图 3-39

注意：对于带有很多触点的元器件，可以通过"视图切换"去了解该元器件的内部接线图，保证线路的连接是正确的。

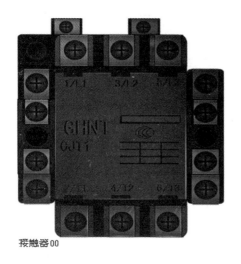

接触器00

图 3-40

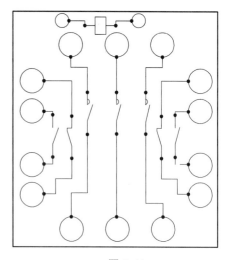

图 3-41

例如：如图 3-40 所示的接触器，它的触点比较多，单凭实物图很难区分里面触点的分布，通过视图切换就可以详细了解里面触点的分布，如图 3-41 所示。

（4）可利用工具栏中的 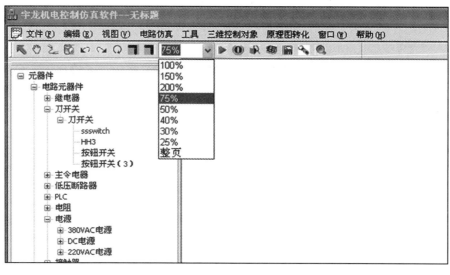，完成元器件和导线的删除。

如果导线连接出错时，点击 把鼠标的状态变为选择状态，点击选中要删除的元器件或导线，再点击工具栏中的 ，即可完成元器件或导线的删除。

点击工具栏中的 75% ，如图 3-42 所示，可对界面大小进行一定比例的缩放。

图 3-42

右键点击需要操作的元器件，弹出允许此元器件被操作的菜单，如图 3-43 所示。

例如：点击"设置元器件名称"，可以对元器件进行命名。鼠标点击要命名的元器件，弹出如图 3-44 所示的对话框，输入名字，点击"确定"即可。同时可以对元器件名称的字体颜色和字号大小进行修改。

图 3-43   图 3-44

点击"元器件特性"可对元器件的参数进行设置，如图 3-45 和图 3-46 所示，对灯泡参数（额定电压及电流）进行设置。

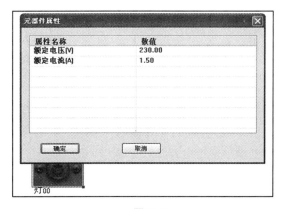

图 3-45   图 3-46

4. 对系统进行直观的模拟仿真

点击工具条中的 ▶ 按钮，启动机电控制仿真平台，点击"刀开关"，如图 3-47 所示。

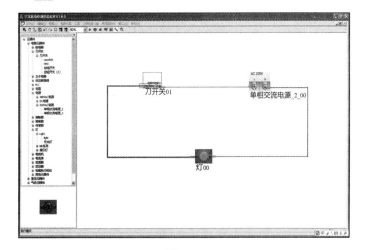

图 3-47

这时，电路开始运行，电灯通电后会发光。

注意：导线的颜色变为红色，表示线路正在运行，构成了正确的电路回路。

若再次点击"刀开关"，则电路断开，电灯熄灭。

点击工具条中按钮，则停止机电控制平台的运行。

视频：三相异步
电动机单向运转

任务实施

任务名称： **三相异步电动机单向运转**

1. 三相异步电动机单向
   运转工作过程

图 3-48 所示为的电动机单向运转电路的原理图，主电路由刀开关 QS、熔断器 FU、接触器 KM 的主触点、热继电器 FR 的发热元件和电动机 M 组成，控制电路由停止按钮 SB2、起动按钮 SB1、接触器 KM 的常开辅助触点和线圈、热继电器 FR 的常闭触点组成。

（1）起 动

合上刀开关 QS→按下起动按钮 SB1→接触器 KM 线圈通

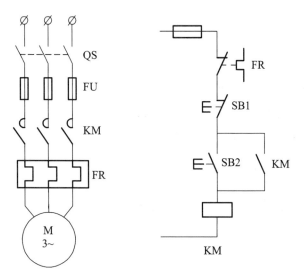
图 3-48　电动机单向运转电路原理图

电→KM 主触点闭合和常开辅助触点闭合→电动机 M 接通电源运转；松开 SB1→利用接通的 KM 常开辅助触点自锁、电动机 M 连续运转。

（2）停 机

按下停止按钮SB2→KM线圈断电→KM主触点和辅助常开触点断开→电动机M断电停转。

2. 电路元器件选择

（1）电 源

主电路的电源取决于三相异步电动机的额定电压，即 AC 380 V。控制电路的电源取决于控制电路的负载，即接触器线圈的额定电压。

（2）低压断路器

低压断路器又称作空气开关，主电路的低压断路器选择三相的即可。

（3）熔断器

首先熔断器要三相的，其次熔断器的额定电流要大于电动机的额定电流，否则就会因过流烧损掉。

（4）接触器

接触器的选择相对来说条件要多一些，①接触器的触点要够用；②接触器线圈的额定电压要和控制电路的电源电压相同。因为在选择主电路元件时要选择接触器。但是接触器的线圈要在控制电路中使用，很多时候会忽略线圈的电压，这样，在控制电路运行时，如果电源电压和接触器线圈电压不匹配，会出现两种情况：第一种是电源电压大于接触器电压，接触器线圈通电之后会被烧坏；第二种情况是电源电压小于接触器的电压，通电之后，接触器的触点不能正常吸合，电动机不能正常运转。

（5）热继电器

热继电器的额定电流要大于电机的额定电流，否则常闭触点动作，电机无法正常工作。

（6）电动机

电动机为三相异步电动机，三相异步电动机可分为笼式和绕线式两种。笼式转子的异步电动机结构简单、运行可靠、重量轻、价格便宜，得到广泛的应用，其主要缺点是调速困难。绕线式三相异步电动机的转子和定子一样也设置了三相绕组并通过滑环、电刷与外部变阻器连接。调节变阻器电阻可以改善电动机的起动性能和调节电动机的转速。

（7）电动机的选择

电动机的选择包括电动机种类、结构形式、额定电压、额定转速和额定功率的选择等，其中额定功率的选择为主要内容。根据电动机负载和发热情况的不同，电动机的工作方式（即工作制）分为连续工作方式、短时工作方式、周期工作方式、非周期变化工作方式和离散恒定负载工作方式等。电动机铭牌上标明的工作方式应和电动机实际运行的工作方式相一致。但有时也可不同，根据电动机的不同工作方式，按不同的变化负载来绘制机械负载图。预选电机功率，在绘制电机负载图的基础上进行发热、过载能力及起动能力（笼型转子异步电动机）的校验。发热校验的方法有多种，但计算公式都是根据变化负载下电动机达到发热稳定循环时的平均温升等于或者接近但小于绝缘材料所允许最高温升为条件推导出来的。

电动机种类选择的依据：由机械特性、调速情况与起动性能、维护以及价格、工作方式（连续、短时、断续周期工作制）决定。

① 当生产机械对电动机的起动、制动、调速性能要求不高时，应尽量采用交流电动机。

·对于负载平稳，且无特殊要求的长期工作制机械，应选用鼠笼型电动机；

·若要求电动机具有较好的起动性能，应采用双鼠笼或深槽式等高起动转矩的异步电动机；

·对于具有有级调速的生产机械，应采用鼠笼型多速异步电动机；

·对于电梯、桥式起重机类机械要求限制起动电流与提高起动转矩应采用绕线式异步电动机；

·对于功率较大，又不需要调速的生产机械，且长期工作，应采用同步电动机。

② 当起动、制动、调速等性能采用交流电动机无法满足时，则采用直流电动机或晶闸管-直流电动机（KZ-D）系统。

在宇龙机电仿真软件里，电动机的额定电流要小于导线以及电路中相关元器件的额定电流，否则导线和元器件因过热被烧坏。

（8）控制电路元件的选择

① 熔断器：控制电路的熔断器为单向熔断器。

② 起动按钮：起动按钮一般是绿色的，不带自锁的。

③ 停止按钮：停止按钮一般是红色的，不带自锁的。

元器件选择完成后的布局，如图3-49所示。

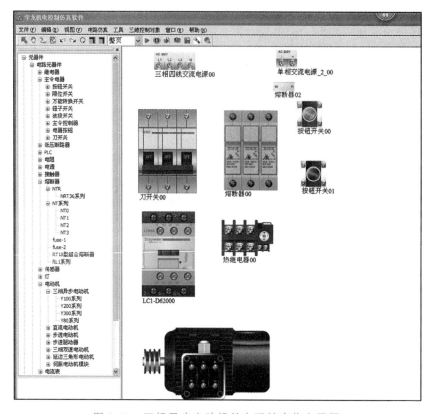

图 3-49　三相异步电动机单向运转实物布局图

3. 元器件的安装

（1）低压断路器的安装

① 低压断路器应垂直配电板安装，电源引线应接到上端，负载引线接到下端。

② 低压断路器用作电源总开关或电动机控制开关时，在电源进线必须加装刀开关或熔断器等，以形成明显的断开点。

③ 低压断路器在使用前应将脱扣器工作面的防锈油脂擦拭干净；各脱扣器动作值一旦调好就不允许再随意变动，以免影响动作值。

④ 使用过程中若遇分段短路电流，应及时检查触头系统，若发现电灼烧痕，应及时修理或更换。

⑤ 断路器上的积尘应定期清除，并定期检查各脱扣器动作值，给操作机构添加润滑剂。

（2）熔断器的安装与使用

① 熔断器应完整无损，安装时应保证熔体和夹头以及夹座接触良好，并具有额定电压、额定电流值标志。

② 插入式熔断器应垂直安装，螺旋式熔断器的电源线应接在瓷底座的下接线座上，负载

线应接在螺纹壳的上接线座上。这样在更换熔断管时，旋出螺帽后螺纹壳不带电，从而保证了操作者的安全。

③ 熔断器内要安装合格的熔体，不能用多根小规格熔体并联代替一根大规格熔体。

④ 安装熔断器时，各级熔体应相互配合，并做到下一级熔体规格比上一级规格小。

⑤ 安装熔丝时，熔丝应在螺栓上沿顺时针方向缠绕，压在垫圈下，按压螺钉的力应适当，以保证接触良好，同时注意不能损伤熔丝，以免减小熔体的截面积，产生局部发热而产生误动作。

⑥ 更换熔体或熔管时，必须切断电源。尤其不允许带负荷操作，以免发生电弧灼伤。

⑦ 对 RM10 系列熔断器，在切断过三次相当于分断能力的电流后，必须更换熔断管，以保证能可靠地切断所规定分断能力的电流。

⑧ 熔断器兼做隔离件使用时应安装在控制开关的电源进线端；若仅做短路保护用，应装在控制开关的出线端。

（3）按钮的安装与使用

① 按钮安装在面板上，应布置整齐，排列合理，如根据电动机起动的先后顺序，从上到下或从左到右排列等。

② 同一机床运动部件有几种不同的工作状态（如上、下，前、后，松、紧等），应使每一对相反状态的按钮安装在一组。

③ 按钮的安装应牢固，安装按钮的金属板或金属按钮盒必须可靠接地。

④ 由于按钮的触头间距较小，如有油污等极易发生短路故障，所以应注意保持触头间的清洁。

⑤ 光标按钮一般不宜用于需长期通电显示处，以免塑料外壳过度受热而变形，使灯泡更换困难。

（4）交流接触器的安装

① 交流接触器一般应安装在垂直面上，倾斜度不得超过 5°；若有散热孔，则应将有孔的一面放在垂直方向上，以利散热，并按规定留有适当的飞弧空间，以免飞弧烧坏相邻电器。

② 安装和接线时，注意不要将零件失落或掉入接触器的内部。安装孔的螺钉应装有弹簧垫圈和平垫圈，并拧紧螺钉以防振动松脱。

③ 一般情况下，接触器上端子的名称：

主触点是 L1/T1，L2/T2，L3/T3；

辅助常开触点是 NO（即 Normally Open）；

辅助常闭触点是 NC（即 Normally Close）；

线圈是 A1/A2。

④ 安装完毕，检查接线正确无误后，在主触头不带电的情况下操作几次，然后测量产品的动作值和释放值，所测数值应符合产品的规定要求。

（5）热继电器的安装与使用

① 热继电器必须按照产品说明书中规定的方式安装。安装处的环境温度应与电动机所处环境温度基本相同。当与其他电器安装在一起时，应注意将热继电器安装在其他电器的下

方以免其动作特性受到其他电器发热的影响。

② 热继电器安装时应清除触头表面的尘污，以免因接触电阻过大或电路不通而影响热继电器的动作性能。

③ 热继电器出线端的连接导线，按表 3-2 的规定选用。这是因为导线的粗细和材料将影响到热元件端接点传导到外部热量的多少。导线过细，轴向导热性差，热继电器可能提前动作；反之，导线过粗，轴向导热快，热继电器可能滞后动作。

表 3-2   热继电器连接导线选用表

序号	热继电器额定电流/A	连接导线截面面积/mm²	连接导线种类
1	10	2.5	单股铜芯塑料线
2	20	4	单股铜芯塑料线
3	30	16	多股铜芯橡皮线

④ 使用中的热继电器应定期通电校验。此外，当发生短路事故后，应检查热元件是否已永久变形。若已变形，则需通电校验。因热元件变形或其他原因致使动作不准确时，只能调整其可调部件，而绝不能弯折热元件。

⑤ 热继电器在出厂时均已调整为手动复位方式，如果需要自动复位，只要将复位螺钉顺时针方向旋转 3~4 圈，并稍微拧紧即可。

⑥ 热继电器在使用中应定期用布擦净尘埃和污垢，若发现双金属片上有锈斑，应用清洁棉布蘸汽油轻轻擦除，切忌用砂纸打磨。

（6）电动机的安装

① 三相异步电动机的接线方式

三相异步电动机的接线方式有：Y 形接法（也称星形接法）和三角形（△）接法。图 3-50 所示为两种接法的示意图。

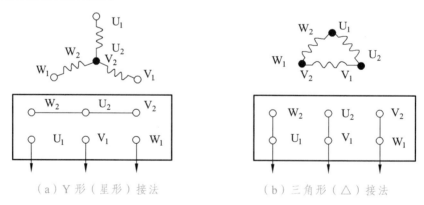

（a）Y 形（星形）接法   （b）三角形（△）接法

图 3-50   电动机的接线方式

三角形（△）接线时，三相电机每个绕组承受线电压（380 V），而 Y 形（星形）接线时，电机每个绕组承受相电压（220 V）。在电机功率相同的情况，三角形（△）接线电机的绕组电流比 Y 形（星形）接法电机电流小。

当电机接成 Y 形（星形）运行时起动转矩仅是三角形接法的一半，但电流仅仅是三角形起动的 1/3 左右。三角形起动时电流是额定电流的 4 ~ 7 倍，但转矩大。转速是一样的，但转矩不一样。

② 三角形（△）接法

电机的三角形（△）接法是将各相绕组依次首尾相连，并将每个相连的点引出，作为三相电的三个相线。三角形（△）接法时，电机相电压等于线电压；线电流等于 $\sqrt{3}$ 倍的相电流。

③ Y 形（星形）接法

电机的 Y 形（星形）接法是将各相绕组的一端都接在一点上，而它们的另一端作为引出线，分别为三个相线。Y 形（星形）接法时，线电压是相电压的 $\sqrt{3}$ 倍，而线电流等于相电流。

Y 形（星形）接法由于起动输出功率小，常用于小功率，大扭矩电机，或功率较大的电机起步时候用，这样对机器损耗较小，正常工作后再换用三角形（△）接法。这就是常常说到的"星-三角"起动。

④ 电动机接法选择

Y 形（星形）接法与三角形（△）接法是针对三相电机而言，单相电机没有以上两种接法的说法。一般 3 kW 以下的电动机采用星形接法的较多，3 kW 以上的电动机一般都采用三角形接法。按规定，大于 15 kW 的电动机需要星形起动三角形运行，以降低起动电流。

4. 三相异步电动机单向运转接线

接下来开始接线，先接主电路，按照原理图的顺序，从上到下，从左到右，依次完成。在接线过程中，如果看不清楚端子上的标注，可以通过软件中的视图切换方式来查看元件的内部结构，如图 3-51 所示。

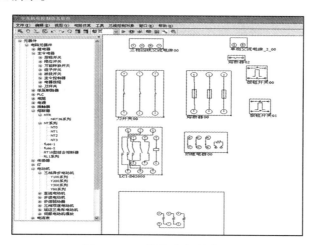

图 3-51　元器件内部结构图

一般情况下，不在内部结构图的视图上接线，一是不利于大家对实物元器件接线端子名称的掌握，二是内部结构图的触点分布和实物的视图有偏差，在内部结构图上接线，有可能导致接线端子上的导线接触不良而无法正常工作。根据电气原理图，完成主电路的接线，完成的接线如图 3-52 所示。

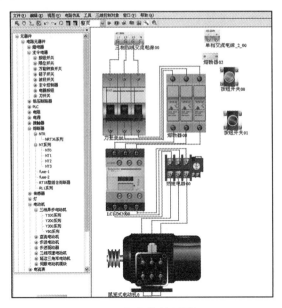

3-52　主电路接线图

控制电路在连接线路的过程中，如果不是很熟悉原理图，一定要按照原理图中电路连接的先后顺序连接实物图，看清楚元器件上所示为触点的端子名称，分清楚按钮的常开常闭触点，不能凭个人想法随意接线。根据原理图完成控制电路的接线。图 3-53 所示为全部接线完成的电动机单向运转电路。

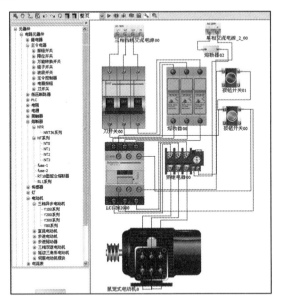

3-53　电机单向运转电路图

电路搭建完成后，点击"仿真起动"选项，打开低压断路器，按下起动按钮，电动机起动，松开起动按钮，电动机保持单向运行；按下停止按钮，则电动机停止运行。

PLC 控制三相异步电动机正反转

PLC 广泛应用在设备控制中，比如数控机床，自动化生产线和机器人。智能制造业离不开 PLC 的控制，因此我们应该掌握 PLC 的电路连接和控制方式，对维护越来越复杂的设备才能得心应手。

本任务以 PLC 控制三相异步电动机正反转为例，介绍宇龙机电设备仿真软件中 PLC 控制系统的搭建和仿真。

 任务描述

现对一台 X62W 型万能铣床进行技术改造升级，用 PLC 实现进给电动机的正反转控制。使用宇龙机电控制仿真软件搭建电路模型，实现电动机单向运行电路的设计、仿真与调试。

相关知识

3.2.1 宇龙机电控制仿真软件 PLC 控制系统

3.2.1.1 PLC 梯形图程序编辑与仿真及其控制电路

以实训室的三菱 PLC，型号 MIT_FX2N_48MR 为例，如图 3-54 所示。

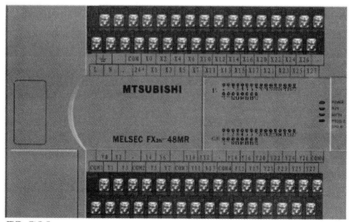

图 3-54 MIT_FX2N_48MR 型三菱 PLC

选择 PLC，点击鼠标右键，弹出如图 3-55 所示的操作界面。

（1）点击"导入外部程序"，弹出如图 3-56 所示的对话框。

图 3-55 图 3-56

选择需要从外面导入的 PLC 程序文件（仅限由本软件所编辑的 PLC 程序文件）。

（2）点击"导入程序"，弹出如图 3-57 所示的对话框。

选取需要导入的 PLC 程序（此时的程序是在软件当前编程器里完成的程序文件）。

（3）点击"导出程序"，弹出如图 3-58 所示的对话框。

图 3-57 图 3-58

对 PLC 程序文件进行单独保存。

（4）点击"新建程序"，弹出如图 3-59 所示的对话框，进入到所选 PLC 的程序编辑软件。

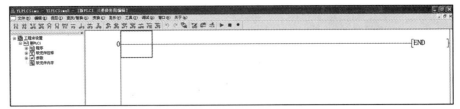

图 3-59

注意：前提是所选的 PLC 是一个新的元器件，里面没有 PLC 程序。

（5）点击"编辑程序"，弹出如图 3-60 所示的对话框，进入到 PLC 的程序编辑界面，可对 PLC 的程序进行改写。

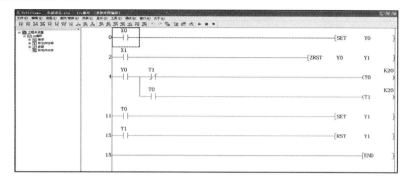

图 3-60

（6）点击"清除程序"，可以将 PLC 里面的程序清除掉，多用于重新导入程序的操作。

（7）点击"显示 PLC 状态"，显示如图 3-61 所示的窗口。

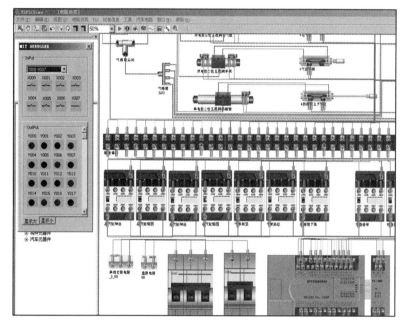

图 3-61

窗口中的输出状态与 PLC 的程序状态是同步的。

注意：只有在启动机电控制平台的前提下，点击"显示 PLC 状态"，才会出现此窗口。

（8）点击"更改 PLC"，弹出如图 3-62 所示的对话框，可对用户所需的 PLC 种类及型号进行选择。

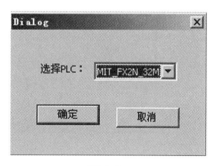

图 3-62

（9）点击"添加扩展单元/模块"，弹出如图 3-63 所示的对话框（以三菱 PLC 为例）。

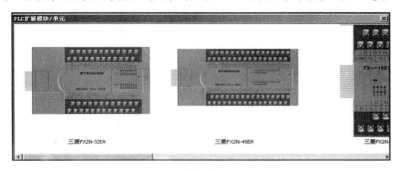

图 3-63

在对话框上双击需要添加的扩展模块/单元，即可自动完成添加，如图 3-64 所示。

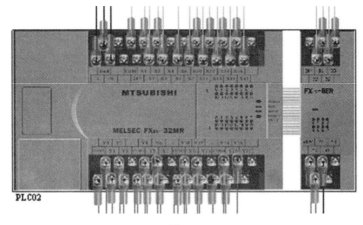

图 3-64

3.2.1.2　三菱 PLC 梯形图程序编辑与仿真

在元器件选择区选择添加以 MIT 开头的三菱 PLC，在 PLC 中右击选择"新建程序"进入三菱 PLC 程序编辑视图，进入程序后，即显示程序主界面，如图 3-65 所示。

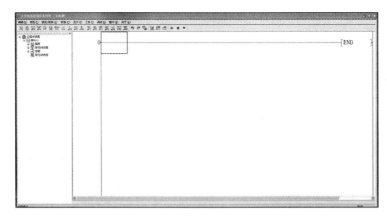

图 3-65

主界面的最上方是标题栏，显示当前打开的 PLC 程序的文件名。

1. 菜单栏

标题栏的下方是菜单栏，如图 3-66 所示。

文件(F)　编辑(E)　视图(I)　查找/替换(S)　变换(C)　显示(V)　工具(T)　调试(D)　窗口(W)　关于(A)

图 3-66

其中"查找/替换"与"工具"子菜单暂不支持。

点击"编辑"子菜单，显示如图 3-67 所示的操作界面。

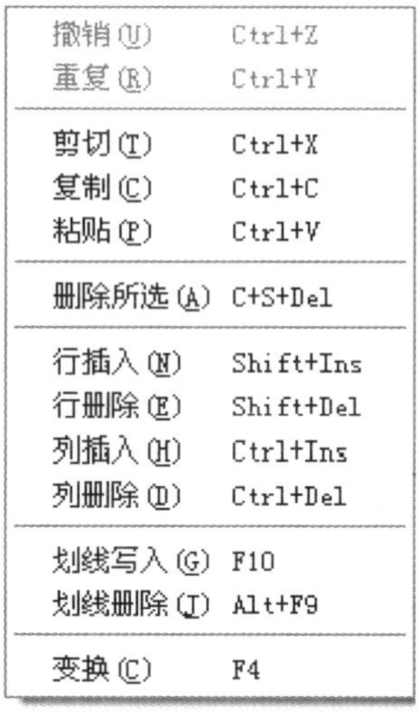

撤销(U)	Ctrl+Z
重复(R)	Ctrl+Y
剪切(T)	Ctrl+X
复制(C)	Ctrl+C
粘贴(P)	Ctrl+V
删除所选(A)	C+S+Del
行插入(N)	Shift+Ins
行删除(E)	Shift+Del
列插入(H)	Ctrl+Ins
列删除(D)	Ctrl+Del
划线写入(G)	F10
划线删除(J)	Alt+F9
变换(C)	F4

图 3-67

其中"划线写入"与"划线删除"功能暂不支持。

点击"剪切"，剪切选中的编辑单元。

点击"复制"，复制选中的编辑单元。

点击"粘贴"，粘贴剪切或复制的编辑单元。

点击"删除所选"，删除选中的编辑单元。

点击"行插入"，插入一新的编辑行。

点击"行删除"，删除选中的行。

点击"列插入"，在 PLC 程序的所有行的相同位置插入一新的编辑单元。

点击"列删除"，在 PLC 程序的所有行的相同位置删除已存在的编辑单元。

点击"变换"，变换已经写好的 PLC 梯形图程序。

点击"撤销"，从最近一次的操作开始逐步撤销以前的操作。

点击"重复"，可从最近一次的撤销操作开始逐步还原所撤销的操作。

点击"视图"子菜单，显示如图 3-68 所示的操作界面。

点击"工具栏"，显示或隐藏如图 3-69 所示的工具栏。

图 3-68　　　　　　　　　图 3-69

点击"状态栏"，显示或隐藏如图 3-70 所示的状态栏。

重画一次需要的时间 15，运行一次PLC程序所需的时间 0

图 3-70

点击"变换"子菜单，变换已经写好的 PLC 梯形图程序。

点击"显示"子菜单，显示如图 3-71 所示的操作。

图 3-71

点击"注释显示"，显示选中编辑单元的"地址注释"。

点击"声明显示"，显示选中编辑行的"行间声明"。

点击"注解显示"，显示选中编辑行的"行注释"。

点击"放大/缩小"，弹出如图 3-72 所示的对话框，可以自由选择需要放大/缩小的倍率。

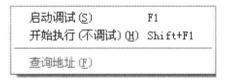

图 3-72

点击"显示工程树"，可以显示或隐藏"工程树显示区"。

点击"调试"子菜单，显示如图 3-73 所示的操作界面。

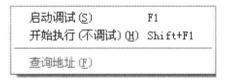

图 3-73

其中"查询地址"操作暂不支持。

点击"起动调试"，弹出如图 3-74 所示的界面。

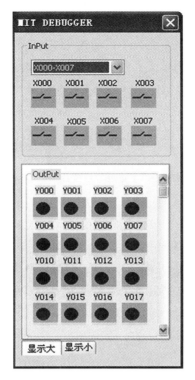

图 3-74

点击"开始执行（不调试）"则 PLC 程序自动执行。

点击"窗口"子菜单，显示如图 3-75 所示的操作界面。

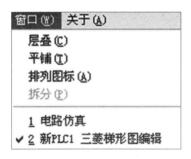

图 3-75

其中"拆分"操作暂不支持。

点击"层叠"，则"PLC 程序编辑区"按层叠样式显示。

点击"平铺"，则"PLC 程序编辑区"按平铺样式显示。

2. 工具栏

菜单栏的下方是工具栏，如图 3-76 所示。

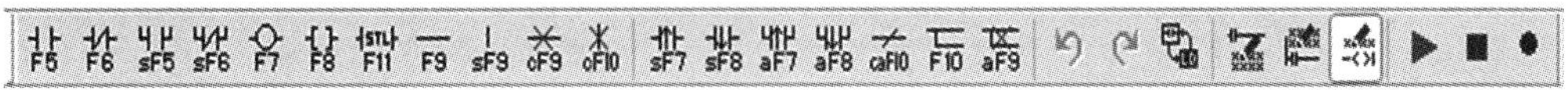

图 3-76

各个图标功能说明如下：

：常开触点。选中某编辑单元，单击此按钮或[F5]键，可插入一个常开触点。

：常闭触点。选中某编辑单元，单击此按钮或[F6]键，可插入一个常闭触点。

：并联常开触点。选中某编辑单元，单击此按钮或[Shift＋F5]键，可插入一个并联常开触点。

：并联常闭触点。选中某编辑单元，单击此按钮或[Shift＋F6]键，可插入一个并联常闭触点。

：线圈。选中某编辑单元，单击此按钮或[F7]键，可插入一个线圈。

：应用指令。选中某编辑单元，单击此按钮或[F8]键，可插入一个应用指令。

：STL。选中某编辑单元，单击此按钮或[F11]键，可插入 STL。

：横线。选中某编辑单元，单击此按钮或[F9]键，可插入一条横线。

：竖线。选中某编辑单元，单击此按钮或[Shift＋F9]键，可插入一条竖线。

：横线删除。选中某空横线编辑单元，单击此按钮或[Ctrl＋F9]键，可删除此横线。

：竖线删除。选中某个与竖线相连的编辑单元，单击此按钮或[Ctrl＋F10]键，可删除此竖线。

：上升沿脉冲。选中某编辑单元，单击此按钮或[Shift＋F7]键，可插入一个上升沿脉冲。

：下降沿脉冲。选中某编辑单元，单击此按钮或[Shift＋F8]键，可插入一个下降沿脉冲。

：并联上升沿脉冲。当有两个触点并联时，选择下面的触点右边的编辑单元，单击此按钮或[Alt＋F7]键，可插入一个并联上升沿脉冲。

：并联下降沿脉冲。当有两个触点并联时，选择下面的触点右边的编辑单元，单击此按钮或[Alt＋F8]键，可插入一个并联下降沿脉冲。

：运算结果取反。选中某编辑单元，单击此按钮或[Ctrl＋Alt＋F10]键，可插入一个运算结果取反符。

、：划线输入与划线删除，暂不支持此操作。

：操作返回到原来。从最近一次的操作开始逐步返回到以前的操作。

：重做。从最近一次的撤销操作开始逐步还原撤销的操作。

：切换视图。将写好的 PLC 梯形图程序进行变换后，单击此按钮，切换到"指令语句表"视图。

：地址注释。选中某个已插入元件的编辑单元，单击此按钮，再双击选中的编辑单元，弹出如图 3-77 所示的对话框。

图 3-77

：条注释。选中某个已插入元件的编辑单元，单击此按钮，再双击选中的编辑单元，弹出如图 3-78 所示的对话框。

图 3-78

：行注释。选中某个已插入元件的编辑单元，单击此按钮，再双击选中的编辑单元，弹出如图 3-79 所示的对话框。

图 3-79

▶：调试运行。

■：停止。停止正在运行的程序。

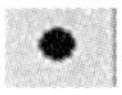

●：断点。选中某个已插入元件的编辑单元，单击此按钮，可在此插入一个断点；再次单击，删除断点。

工具栏的下方左边是"工程树"显示区，可以在"显示"子菜单中点击"显示工程树"进行工程树显示与隐藏的切换；右边是"PLC 程序编辑区"，可在此进行 PLC 程序的编辑。

3.2.1.3　三菱 PLC 控制电路

关于梯形图编辑，如不熟悉 PLC 梯形图编程，可以参看 GX Developer 使用手册。从资源库里添加一个三菱 PLC，编写一段简单的 PLC 控制程序，如图 3-80 所示。

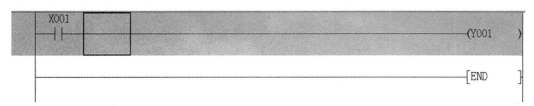

图 3-80

按 F4 或者点击菜单栏里的"变换"子菜单，如图 3-81 所示。

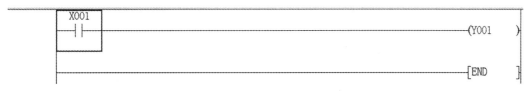

图 3-81

点击工具条中的 ▶ 按钮进行 PLC 程序仿真，弹出仿真控制对话框，如图 3-82 所示。对话框上半部分为 PLC 对应的输入，下半部分为 PLC 对应的输出。

例如，点击 X001 下的开关，使开关闭合，即表示 X001 有输入；而当 Y001 由黑色变为红色，则表示 Y001 有输出，如图 3-83 所示。

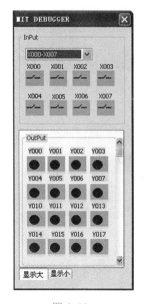

图 3-82

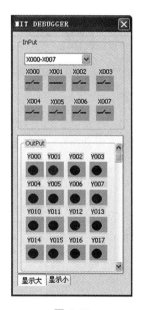

图 3-83

点击工具条上的 ■ 按钮可以停止仿真调试。点击菜单栏中"窗口"回到仿真界面，按要求添加元件并接线，然后进行仿真。

3.2.1.4 测量工具的使用

1. 万用表的使用

点击工具条中的 按钮，弹出万用表，如图 3-84 所示。

注：在使用万用表的模式下不能够编辑电路，包括添加、删除、移动、绘制导线等。

点击万用表右上方的 按钮，可以退出万用表模式。

如图 3-85 所示，右键点击挡位，控制挡位顺时针转动；左键点击挡位，控制挡位逆时针转动。在这里要注意是通过点击不同鼠标按键来实现控制挡位转动的。

图 3-84

图 3-85

点击红表笔 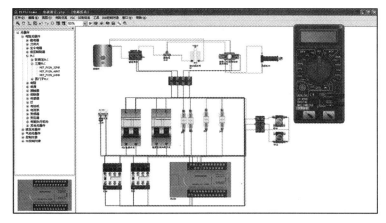 图标表示选择红表笔，此时光标变成红表笔的形状。点击某元器件的接线柱，将红表笔固定在该接线柱上，如图 3-86 所示。

图 3-86

用相同的方法固定黑表笔，如图 3-87 所示。

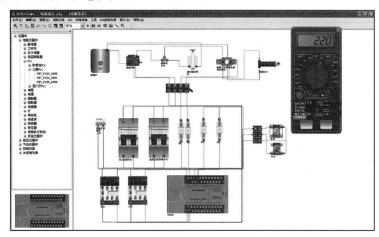

图 3-87

万用表则显示当前挡位所指示的数值，如图 3-88 所示。

图 3-88

2. 钳形表的使用

点击工具条中的 🔧 按钮，弹出钳形表，如图 3-89 所示。

图 3-89

注：在使用钳形表的模式下不能够编辑电路，包括添加，删除，移动，绘制导线等。

点击钳形表中上方的按钮 ❌ ，可以退出钳形表模式。

点击钳形表中下方的 🔌 ，鼠标变成的 🔌 形状，将移动到所测的导线，单击鼠标左键，即可测量流经导线的当前电流。如图 3-90 所示，测量流经指示灯的电流。

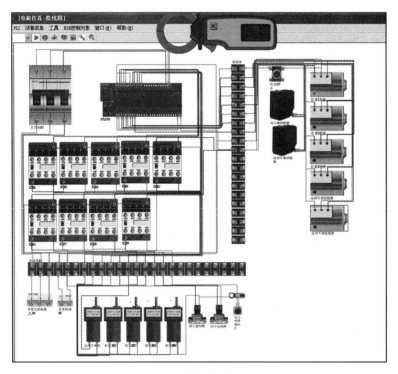

图 3-90

钳形表显示当前所选导线流经的电流值，如图 3-91 所示。

图 3-91

任务名称：　PLC 控制三相异步电动机正反转

电机正反转 PLC 控制电路如图 3-92 所示。

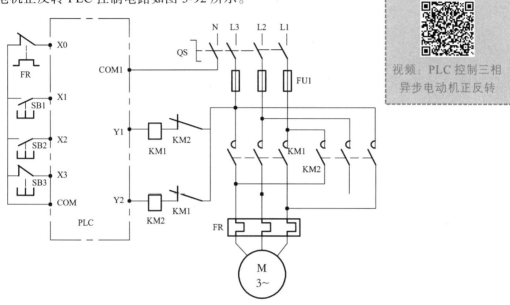

图 3-92　电机正反转 PLC 控制电路图

从原理图可以看到，需要的元器件除了 PLC 外，还有低压断路器，熔断器，接触器，热继电器，起动按钮，停止按钮等。元件布局如图 3-93 所示。

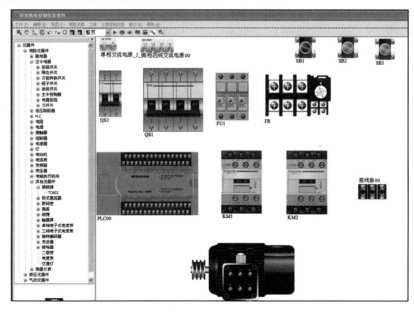

图 3-93　PLC 控制电动机正反转元件布局图

在这个电路中，接触器线圈额定电压选的是 AC 220 V，所以控制电路的电源应该是 AC 220 V，AC 380 V 电源中，任意一相火线和零线 N 的电压是 AC 220 V。从元器件到负载电动机，中间用了端子排。然后对 PLC 完成接线，首先，PLC 的供电电源为 AC 220 V，接 PLC 的 L 和 N 端，如图 3-94 所示。

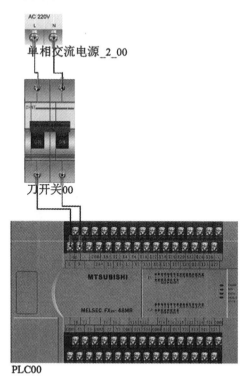

图 3-94　PLC 电源接线图

PLC 控制电动机正反转运行主电路如图 3-95 所示。

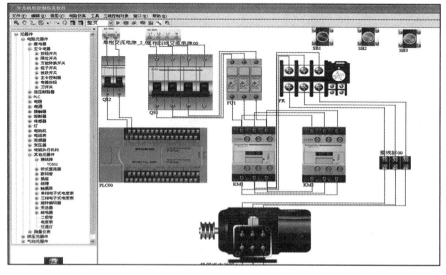

图 3-95　PLC 控制电动机正反转运行主电路

在这个电路里，三相异步电动机采用的是 Y 形接法，接触器 KM1 为电动机正转接触器，KM2 为电动机反转接触器，KM1 和 KM2 出线端的接线端子有两个接线端子的相序是反接的，如图 3-96 所示。

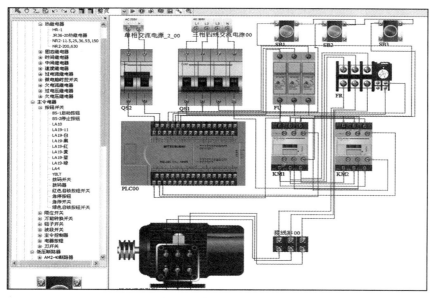

3-96　PLC 控制电动机正反转电路的接线图

控制电路接线要按照原理图来接，I/O 分配一定不能接错，不然程序也会跟着出错，导致电路不能运行。

然后对 PLC 编程，调出 PLC 编程的界面，编程方式和三菱 PLC 的 GX Developer 编程方式一样，程序如图 3-97 所示。

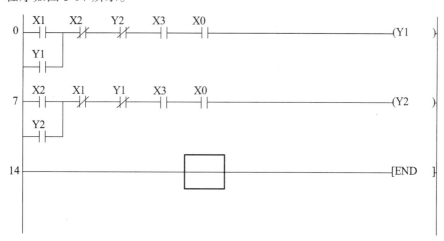

图 3-97　PLC 控制电动机正反转的程序图

最后将程序导入 PLC 中，运行电路，可以看到按下 SB1，电动机正转；按下 SB2，电动机反转；按下停止按钮 SB3，电动机停止运行。

在电路设计中，停止、急停按钮和用于安全保护的限位开关等硬件常闭触点比常开触点更为可靠。如果外接的停止、急停按钮的常开触点接触不好或线路断线，紧急情况时按停止、急停按钮不起作用。如果 PLC 外接的是停止、急停按钮的常闭触点，出现上述问题时将会使设备停机，有利于及时发现和处理存在的问题。因此用停止、急停常闭按钮和安全保护的限位开关的常闭触点给 PLC 提供输入信号更安全更可靠。

  在这个电路中，停止按钮 SB3 接常闭触点，程序中对应的输入点 X3 应该用常开触点，PLC 上电后，SB3 不动作，X3 有输入，程序中 X3 的触点动作，常开触点动作后闭合，按下起动 SB1 或者 SB2，电动机起动。如果 X3 用常闭触点，PLC 上电后，X3 的常闭触点断开，电动机反而不能正常运转。

任务 3.3　PLC 控制钻孔动力头设备

在实际生产中，常用到的液压系统也有电气元件，比如电磁阀，通过电气控制电路来控制电磁阀的通断电，进而控制液压回路的流通或断开。本任务主要介绍钻孔动力头的控制，以此来熟悉电气控制电路如何控制电磁阀的通断。

任务描述

某一冷加工自动线有一个钻孔动力头设备，用 PLC 实现钻孔动力头的控制。该动力头的加工过程是：

（1）动力头在原位（SQ1）时，施以起动信号，接通电磁阀 YV1，动力头快进。

（2）动力头碰到限位开关 SQ2 后，接通电磁阀 YV1 和 YV2，动力头由快进转为工进，同时动力头电机转动（由 KM1 控制）。

（3）动力头碰到限位开关 SQ3 后，电磁阀 YV1 和 YV2 失电，并开始延时 10 s。

（4）延时时间到，接通电磁阀 YV3，动力头快退。

（5）动力头回到原位碰到限位开关 SQ1 后即停止电磁阀 YV3 及动力头电机，延时 5 s 后，自动进入循环工作。

（6）循环 5 次后系统停止工作。

使用宇龙机电控制仿真软件搭建电路模型，实现钻孔动力头控制电路的设计、仿真与调试。

相关知识

3.3.1　宇龙机电控制仿真软件机床控制对象

宇龙机电控制软件中的钻孔动力头实物如图 3-98 所示。

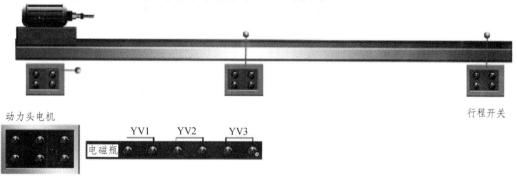

图 3-98　钻孔动力头实物图

切换视图，可以看到钻孔动力头的内部结构，如图 3-99 所示。

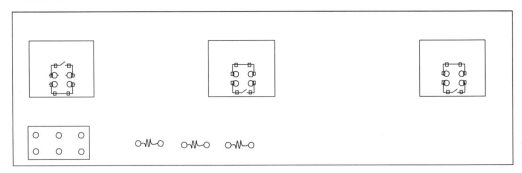

图 3-99　钻孔动力头的内部结构

元器件的使用说明：

行程开关：用鼠标点击行程开关，然后移动鼠标可改变行程开关的位置，行程开关的初始状态是上面为常开触点，下面为常闭触点。用行程开关来控制钻头电机的运动、停止。

动力头电机：一个三相异步电动机，给它通电，动力头电机运转。电动机的接线如图 3-100 所示。

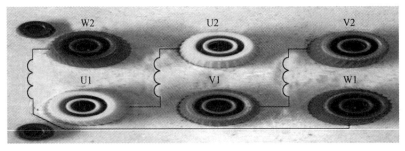

图 3-100　电动机的接线图

电磁阀：给 YV1 通电，动力头快进；给 YV1、YV2 通电，动力头工进；给 YV3 通电，动力头快速后退。

🔧 任务实施

任务名称：	PLC 控制钻孔动力头系统

分析：控制要求里面有定时和计数，采用 PLC 作为控制元件，便于定时和计数。用 PLC 控制钻孔动力头设备，如图 3-101 所示。

PLC 输入端的设备有：起动按钮，热继电器常闭触点，SQ1，SQ2，SQ3 行程开关。PLC 输出端设备有：控制电机的接触器线圈，YV1，YV2，YV3。

视频：钻孔动力头

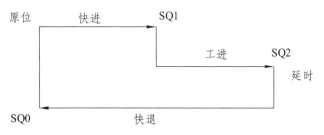

图 3-101　动作示意图

钻孔动力头 I/O 分配见表 3-3。

表 3-3　钻孔动力头 I/O 分配表

输入设备	输入点编号	输出设备	输出点编号
起动按钮	X0	KM1 线圈	Y0
SQ1	X1	YV1	Y1
SQ2	X2	YV2	Y2
SQ3	X3	YV3	Y3
FR 常闭触点	X4		

KM1 线圈的额定电压是 AC 220 V，电磁阀的额定电压在钻孔动力头的仿真电路中没有要求，这里采用和接触器线圈相同的额定电压。接线原理图如图 3-102 所示。

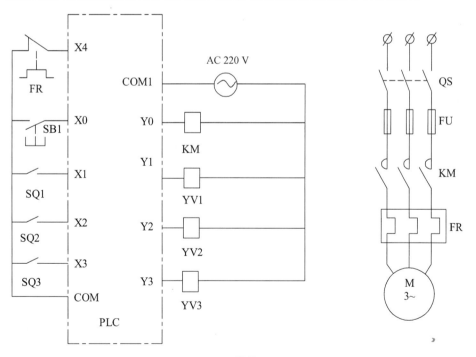

图 3-102　接线原理图

根据元器件的选择，完成实物的布局图，如图 3-103 所示。

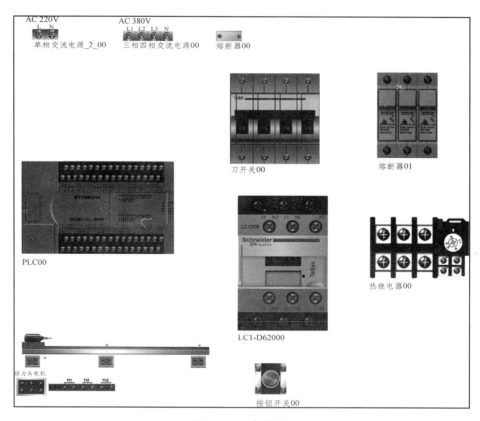

图 3-103　布局图

根据原理图，完成接线图，如图 3-104 所示。

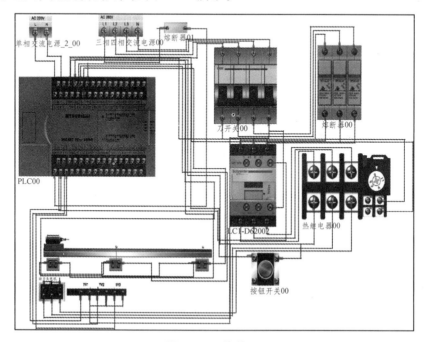

图 3-104　接线图

根据控制要求，编写 PLC 程序，在程序图中，特别注意，因为 FR 常闭触点作为 PLC 的输入，在程序中，X4 应该用常开触点串联在 Y0 的前面。

程序梯形图如图 3-105 所示。

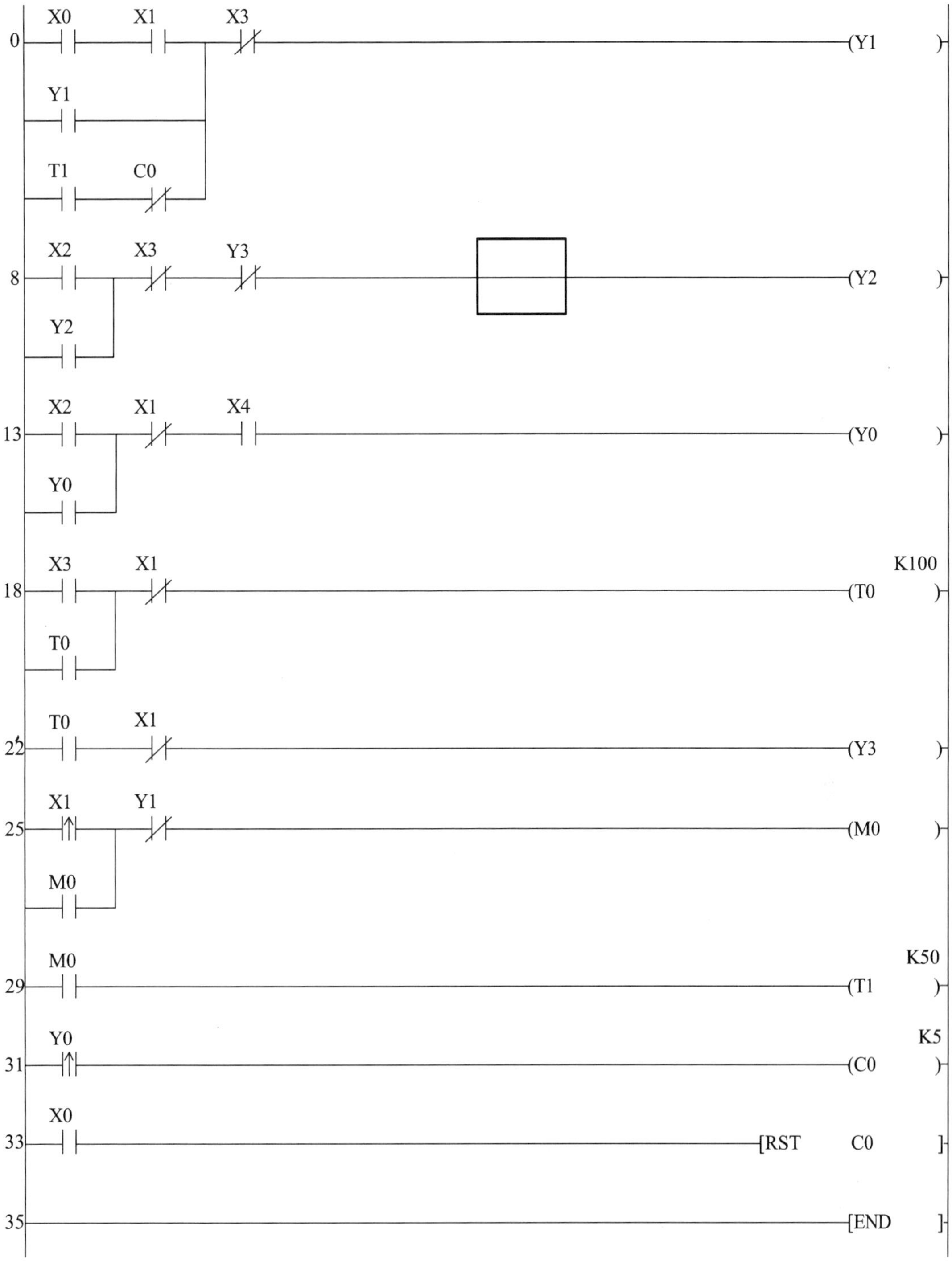

图 3-105　梯形图

1. 使用宇龙机电控制仿真软件仿真电动机正反转，电路原理如图 3-106 所示。

要求：控制电路的电源电压为 AC 220 V，有必要的短路保护和过载保护，有必要的电气互锁和按钮互锁。

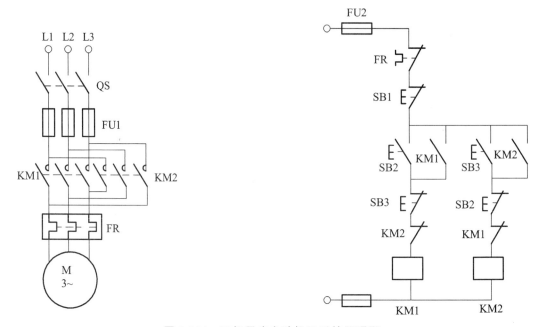

图 3-106　三相异步电动机正反转原理图

2. 使用宇龙机电控制仿真软件完成一般控制对象里面的自动螺纹加工系统项目。

（1）控制要求

如图 3-107 所示，SQ1、SQ2 和 SQ3 是检测滑台运行位置的行程开关，SQ4、SQ5 是检测丝锥运行位置的行程开关。滑台的运动是由三个电磁阀打开和关闭油路控制，丝锥的运动是由一台电动机进行正反转控制。初始位置为：滑台处于原位 SQ1，丝锥处于原位 SQ4 处。

当按下起动按钮后，第一个电磁阀打开，油压将滑台快速推进到 SQ2，此时第二个电磁阀打开，滑台变为慢速前进。到 SQ3 时，丝锥电动机正转前进。到达终点 SQ5 后电动机能耗制动停止。3 s 之后丝锥电动机反转，后退到 SQ4，并再次电动机能耗制动停止。此时第三个电磁阀打开，油压将滑台快速推回到原位，整个加工过程停止。

（2）使用说明

行程开关：用鼠标点击行程开关（共有三个），移动鼠标，可以左右移动行程开关的位置，行程开关的初始状态是上面为常开触点，下面为常闭触点。用行程开关来检测滑台运行位置。

丝锥限位开关用来检测丝锥的运行位置（左限位和右限位共两个）。由于丝锥的初始状态在左边，因此它的左限位初始状态是上面常开，下面常闭。右限位初始状态是上面常闭，下面常开。

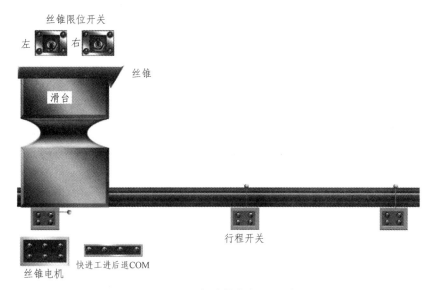

图 3-107 自动螺纹加工系统

丝锥电机为交流三相异步电动机，丝锥电动机正转，丝锥前进；反之丝锥电动机反转，丝锥后退。电动机的接线如图 3-108 所示。

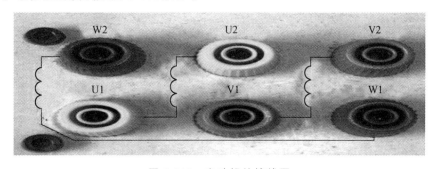

图 3-108 电动机的接线图

滑台：快进工进后退COM 用来控制滑台的动作，COM 是公共端，当快进端和 COM 端作为一对接入电源使滑台快进。工进，后退类似。

项目 4

980TDc 数控车床电路分析与故障维修

项目引领

数控机床是数字控制机床（Computer numerical control machine tools）的简称，是一种装有程序控制系统的自动化机床。该控制系统能够逻辑地处理具有控制编码或其他符号指令规定的程序，并将其译码，用代码化的数字表示，通过信息载体输入数控装置。经运算处理由数控装置发出各种控制信号，控制机床的动作，按图纸要求的形状和尺寸，自动地将零件加工出来。

数控机床较好地解决了复杂、精密、小批量、多品种的零件加工问题，是一种柔性的、高效能的自动化机床，代表了现代机床控制技术的发展方向，是一种典型的机电一体化产品。

机床控制系统与机械、液压等系统的交接部位是日常维护和保养的重点，这些部位的故障诊断和修理工作就是数控机床维修工作研究的主要对象。

学习目标

知识目标	能力目标	素质目标
1. 了解数控机床维修工作对保证设备开动率的意义及数控机床维修的特点，明确数控机床故障的分类； 2. 掌握 980TDc 数控车床电气原理图的识图方法。	1. 具有分析、诊断和排除数控机床故障的初步能力； 2. 具备数控车床电气原理图的识读能力。	1. 培养学生举一反三、团队协作的能力； 2. 让学生理解设备故障唯一性特点，认识每一根导线和每一个元件在电路中所发挥的作用。

 任务描述

980TDc 数控车床属于卧式车床，机构包含数控系统、配电柜和机床本体。

相关知识

4.1.1 数控机床特点

数控机床的操作和监控全部在数控单元中完成，它是数控机床的大脑。与普通机床相比，数控机床有如下特点：

（1）对加工对象的适应性强，适应模具等产品单件生产的特点，为模具的制造提供了合适的加工方法。

（2）加工精度高，具有稳定的加工质量。

（3）可进行多坐标的联动，能加工形状复杂的零件。

（4）加工零件改变时，一般只需要更改数控程序，可节省生产准备时间。

（5）机床本身的精度高、刚性大，可选择有利的加工用量，生产率高（一般为普通机床的 3 ~ 5 倍）。

（6）机床自动化程度高，可以减轻劳动强度。

（7）有利于生产管理的现代化。数控机床使用数字信息与标准代码处理、传递信息，使用了计算机控制方法，为计算机辅助设计、制造及管理一体化奠定了基础。

（8）对操作人员的素质要求较高，对维修人员的技术要求更高。

（9）可靠性高。

4.1.2 基本组成

数控机床的基本组成包括：加工程序载体、数控装置、伺服驱动装置、机床主体和其他辅助装置，如图 4-1 所示。下面分别对各组成部分的基本

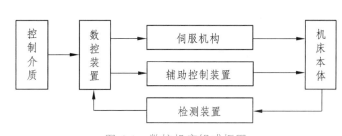

图 4-1 数控机床组成框图

工作原理进行简要说明。

1. 控制介质

控制介质是指将零件加工信息传送到数控装置去的程序载体。随数控装置类型的不同而不同，常用的有磁盘、移动硬盘、Flash（U 盘）等，如图 4-2 所示。

（a）磁盘 （b）移动硬盘 （c）U 盘

图 4-2 常见控制介质

2. 数控装置

数控装置是数控机床的核心，如图 4-3 所示。现代数控装置均采用 CNC（Computer Numerical Control）形式，这种 CNC 装置一般使用多个微处理器，以程序化的软件形式实现数控功能，因此又称软件数控（Software NC）。CNC 系统是一种位置控制系统，它是根据输入数据插补出理想的运动轨迹，然后输出到执行部件加工出所需要的零件。因此，数控装置主要由输入、处理和输出三个基本部分构成。所有这些工作都由计算机的系统程序进行合理地组织，使整个系统协调地进行工作。

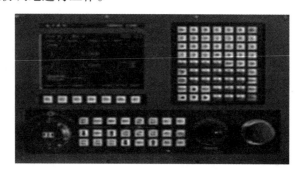

图 4-3 数控装置

（1）输入装置

将数控指令输入给数控装置，根据程序载体的不同，相应地有不同的输入装置。主要有键盘输入、磁盘输入、CAD/CAM 系统直接通信方式输入和连接上级计算机的 DNC（直接数控）输入，现仍有不少系统还保留有光电阅读机的纸带输入形式。

① 纸带输入方式：可用纸带光电阅读机读入零件程序，直接控制机床运动，也可以将纸带内容读入存储器，用存储器中储存的零件程序控制机床运动。

② MDI 手动数据输入方式：操作者可利用操作面板上的键盘输入加工程序的指令，它适用于比较短的程序。

在控制装置编辑状态下，用软件输入加工程序，并存入控制装置的存储器中，这种输入方法可重复使用程序。一般手工编程均采用这种方法。

在具有会话编程功能的数控装置上，可按照显示器上提示的问题，选择不同的菜单，用人机对话的方式，输入有关的尺寸数字，就可自动生成加工程序。

③ 采用 DNC 直接数控输入方式：把零件程序保存在上级计算机中，CNC 系统一边加工一边接收来自计算机的后续程序段。DNC 方式多用于采用 CAD/CAM 软件设计的复杂工件并直接生成零件程序的情况。

（2）信息处理

输入装置将加工信息传给 CNC 单元，编译成计算机能识别的信息，由信息处理部分按照控制程序的规定，逐步存储并进行处理后，通过输出单元发出位置和速度指令给伺服系统和主运动控制部分。CNC 系统的输入数据包括：零件的轮廓信息（起点、终点、直线、圆弧等）、加工速度及其他辅助加工信息（如换刀、变速、冷却液开关等），数据处理的目的是完成插补运算前的准备工作。数据处理程序还包括刀具半径补偿、速度计算及辅助功能的处理等。

（3）输出装置

输出装置与伺服机构相连。输出装置根据控制器的命令接受运算器的输出脉冲，并把它送到各坐标的伺服控制系统，经过功率放大，驱动伺服系统，从而控制机床按规定要求运动。

3. 伺服与测量反馈系统

伺服系统是数控机床的重要组成部分，用于实现数控机床的进给伺服控制和主轴伺服控制。伺服系统的作用是把接收来自数控装置的指令信息，经功率放大、整形处理后，转换成机床执行部件的直线位移或角位移运动。伺服系统是数控机床的最后环节，其性能将直接影响数控机床的精度和速度等技术指标，因此，对数控机床的伺服驱动装置，要求具有良好的快速反应性能，准确而灵敏地跟踪数控装置发出的数字指令信号，并能忠实地执行来自数控装置的指令，提高系统的动态跟随特性和静态跟踪精度。

伺服系统包括驱动装置和执行机构两大部分。驱动装置由主轴驱动单元、进给驱动单元和主轴伺服电动机、进给伺服电动机组成。步进电动机、直流伺服电动机和交流伺服电动机是常用的驱动装置，如图 4-4 所示。

测量元件将数控机床各坐标轴的实际位移值检测出来并经反馈系统输入到机床的数控装置中，数控装置对反馈回来的实际位移值与指令值进行比较，并向伺服系统输出达到设定值所需的位移量指令。

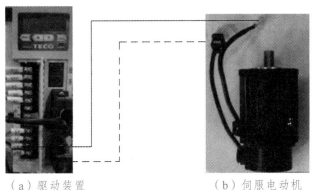

（a）驱动装置　　　　　（b）伺服电动机

图 4-4　伺服系统驱动装置

4. 机床主机

机床主机是数控机床的主体，它包括床身、底座、立柱、横梁、滑座、工作台、主轴箱、进给机构、刀架及自动换刀装置等机械部件。它是在数控机床上自动地完成各种切削加工的机械部分。与传统的机床相比，数控机床主体具有如下结构特点：

① 采用具有高刚度、高抗震性及较小热变形的机床新结构。通常用提高结构系统的静刚度、增加阻尼、调整结构件质量和固有频率等方法来提高机床主机的刚度和抗震性，使机床主体能适应数控机床连续自动地进行切削加工的需要。采取改善机床结构布局、减少发热、控制温升及采用热位移补偿等措施，可减少热变形对机床主机的影响。

② 广泛采用高性能的主轴伺服驱动和进给伺服驱动装置，使数控机床的传动链缩短，简化了机床机械传动系统的结构。

③ 采用高传动效率、高精度、无间隙的传动装置和运动部件，如滚珠丝杠螺母副、塑料滑动导轨、直线滚动导轨、静压导轨等。

5. 数控机床辅助装置

辅助装置是保证充分发挥数控机床功能所必需的配套装置，常用的辅助装置包括：气动、液压装置，排屑装置，冷却、润滑装置，回转工作台和数控分度头，防护，照明等各种辅助装置。

 任务实施

视频：GSK980TDc
数控车床结构

任务名称： GSK980TDc 数控车床结构

GSK980TDc 数控车床外观如图 4-5 所示，采用分立式设计，由电气控制柜、机械安装台组成，电气柜正面装有数控系统和操作面板，数控系统有主轴电机及主轴编码器，系统左上角装有三色灯，背面安装有网孔板，用以安装变频器、伺服驱动器、交流接触器、继电器、保险丝座、空气开关、开关电源、接线端子排、I/O 分线板、走线槽等，电控柜下方装有变压器；机械安装平台上面安装有四工位电动刀架。

数控系统模块采用广州数控的操作系统，控制信号均引至网孔板的接线端子排上。

GSK980TDc 数控车床的各部分的结构及名称说

图 4-5　GSK980TDc 数控车床

明如图 4-6 所示，机床侧的主运动机构是主轴、刀架、工作台和机床尾座。

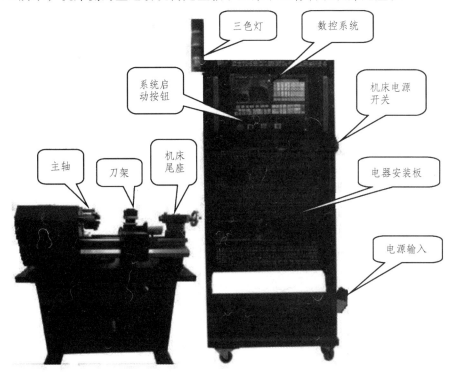

图 4-6 　GSK980TDc 数控车床结构及名称说明

（1）主轴系统：GSK980TDc 数控车床的主运动是指主轴通过卡盘带动工件旋转，主轴的旋转是由主轴电动机经传动机构拖动。根据工件材料性质、车刀材料及几何形状、工件直径、加工方式及冷却条件的不同，要求主轴有不同的切削速度。主轴的变速是由变频器控制主轴电动机实现的。

GSK980TDc 数控车床上控制主轴的三相异步电动机和主轴之间采用带传动，在主轴的尾端加装了编码器，编码器和主轴之间采用皮带进行连接，来反馈主轴的转速。

如图 4-7 所示，主轴箱里可以看到两条皮带，其中长的那条是电动机和主轴之间的传动带，短的那条是主轴和编码器之间的传动带。

（2）进给系统：GSK980TDc 数控车床的进给运动是指工作台带动刀架在 X 轴方向或者 Z 轴方向做直线运动。控制工作台 X 轴和 Z 轴移动的分别是两台伺服电动机。工作

图 4-7 　主轴箱内部结构

台的 Z 轴移动和伺服电动机之间的传动机构是丝杠，工作台 X 轴移动和伺服电机之间的传动机构是皮带和丝杠。电动机通过皮带带动丝杠转动，丝杠转动带动工作台的左右移动，如图

4-8 所示。丝杆作为传动机构，将电机转子的圆周运动转化成工作台的直线运动。

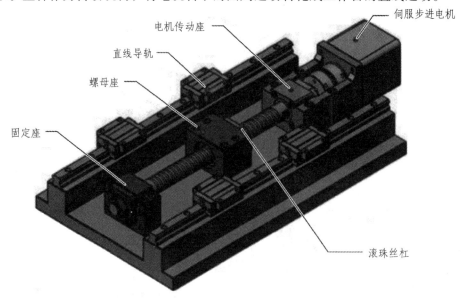

图 4-8　工作台传动示意图

（3）刀架系统：刀架是四方位的刀架，控制刀架旋转的是三相异步电动机。电动机和刀架之间的主要传动机构是蜗轮和蜗杆，其内部传动结构如图 4-9 所示。

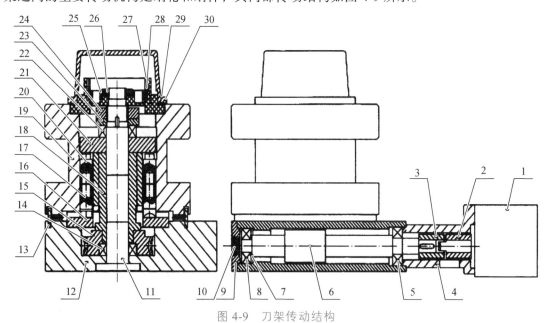

图 4-9　刀架传动结构

刀架各部分的零件说明见表 4-1。

表 4-1　刀架零件表

序　号	零件名称	材　料	备　注
1	电机		380 V 三相电机
2	右联轴器	45 钢	

序　号	零件名称	材　料	备　注
3	左联轴器	45 钢	
4	连接座	45 钢	
5	轴承		深沟球轴承
6	蜗杆	45 钢	
7	调整垫	45 钢	
8	轴承		深沟球轴承
9	轴承盖	45 钢	
10	闷头	45 钢	
11	定轴	45 钢	
12	下刀体	45 钢	
13	防护圈	45 钢	
14	轴承		推力球轴承
15	蜗轮	ZQSn6-6-3	
16	反靠盘	45 钢	
17	反靠销	20Cr	
18	螺杆	45 钢	
19	上刀体	45 钢	
20	离合销	20Cr	
21	离合盘	20Cr	
22	轴承		推力球轴承
23	止退圈	45 钢	
24	大螺母	45 钢	
25	发讯盘		
26	小螺母	45 钢	
27	发讯座	尼龙	
28	磁钢		
29	纸垫	纸	
30	盖	AL	

（4）其他结构：机床尾座及顶针主要用于对细长轴工件进行固定，避免加工过程中工件出现晃动。

电气控制柜主要用来为机床侧各个运动机构提供可靠电源，并控制机床侧主轴，刀架和工作台的运动以及一些辅助电路的控制（如指示灯，冷却泵等）。

 任务描述

数控系统分为多个组成部分，掌握各个部分的连接关系，可以更好地了解数控机床的系统结构。

相关知识

4.2.1 GSK980TDc 数控车床技术参数

GSK980TDc 数控车床采用模块化与开放式设计，主要由电源模块、操作面板模块、变频调速模块、交流伺服模块、电机模块、按钮模块及故障设置模块组成，可在设备上进行数控编程、交流伺服的操作、变频器的操作等技能操作实训，也能够模拟工业生产现场，可根据情况需要对系统的控制要求进行自行设计、组合安装、调试，从而更好培养学生的动手能力和分析能力。

工作电源：三相五线 380（1 ± 5%）V 50 Hz。

安全保护：漏电保护（动作电流 ≤ 30 mA），过流保护，熔断器保护。

额定功率：≤ 2.0 kV·A。

环境温度：−10 ℃ ~ 40 ℃。

相对湿度：≤ 90%（25 ℃）。

数控系统：GSK980TDc。

变频器：FR-E740-0.4 kW。

主轴电机：60 W。

电气控制柜外形尺寸：800 mm × 350 mm × 1 800 mm。

4.2.2 数控车床的电气控制要求

（1）控制轴（坐标）运动功能

数控车床一般设有两个坐标轴（X、Z轴），其数控系统具备控制两轴运动的功能。

（2）刀具位置补偿

数控车床的位置补偿功能，可以完成刀具磨损和刀尖圆弧半径补偿以及安装刀具时产生的误差的补偿。

（3）车削固定循环功能

数控车床具有各种不同形式固定切削循环功能，如内外圆柱面固定循环、内外圆锥面固定循环、端面固定循环等。利用这些固定循环指令可以简化编程，提高加工效率。

（4）准备功能

准备功能也称作 G 功能，是用来指定数控车床动作方式的功能。G 代码指令由 G 代码和它后面的两位数字组成。

（5）辅助功能

辅助功能也称作 M 功能，是用来指定数控车床的辅助动作及状态，M 代码指令由 M 代码和它后面的两位数字组成。

（6）主轴功能

数控车床主轴功能主要表示主轴转速或线速度。主轴功能由字母 S 及其后面的数字表示。

（7）进给功能

数控车床的进给功能主要是指加工过程各轴进给速度的功能，进给速度功能指令由 F 代码及其后面的数字组成。

（8）刀具功能

刀具功能又称 T 功能。根据加工需要，在某些程序段指令进行选刀和换刀。刀具功能指令时用字母 T 及其后面的四位数字表示。

4.2.3　数控车床的电气控制要求的实现

980TDc 数控车床本体的运动要依靠电气控制系统来实现，表 4-2 是车床运动分别由电气控制的哪一部分实现的。

表 4-2　数控车床的电气控制实现方案和元件

序号	要求	实现方案	实现元件
1	控制轴（坐标）运动功能	采用伺服电机进行驱动	GSK980TDc 伺服放大器与伺服电机
2	刀具位置补偿	CNC 软件实现	CNC 系统
3	车削固定循环功能	CNC 软件实现	CNC 系统
4	准备功能	CNC 软件实现	CNC 系统
5	辅助功能	CNC 软件与 PLC 单元配合实现	CNC 系统与 PLC 单元
6	主轴功能	采用变频器进行无级调速、配置编码器反馈	变频器、CNC、主轴编码器
7	进给功能	CNC 软件实现	CNC 系统
8	刀具功能	采用电动刀架配合 PLC 程序实现	电动刀架

任务实施

（1）在如图 4-10 所示的数控车床的配电柜中分别找到变频器，伺服驱动，接触器，PLC 输入和输出端子排。在数控系统上找到 PLC 输入和输出端子排，编码器的反馈线，伺服驱动的控制线以及变频器模拟量的输入线。

视频：GSK980TDc
数控车床硬件连接

图 4-10　GSK980TDc 数控车床

（2）根据表 4-2 的介绍，完成如图 4-11 所示电气元件的连接控制框图。

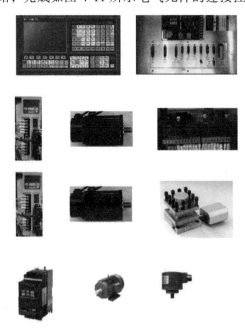

图 4-11　控制连接框图

 **任务拓展**

查阅资料，根据表 4-3 的控制要求，写出相关的实现方式。

表 4-3　复杂控制实现方案

机床类型	控制要求	控制方式实现
数控车床	主轴可以实现无级调速	例答：可以使用变频电机与伺服电机进行调速
	主轴可以实现低转速与大扭矩加工	采用机械换挡与伺服主轴
	主轴可以进行速度反馈与车削螺纹	
	进给轴实现开环控制	
	进给轴实现半闭环控制	
	进给轴实现闭环控制	
	进给轴可以实现无挡块回零	
	可以实现自动换刀	

任务描述

电源是维持系统正常工作的能源支持部分，它失效或发生故障的直接结果是造成系统的停机或毁坏整个系统。另外，数控系统部分运行数据，设定数据以及加工程序等一般存储在 RAM 存储器内，系统断电后，靠电源的后备蓄电池或锂电池来保持。因此，停机时间比较长，拔插电源或存储器都可能造成数据丢失，使系统不能运行。

相关知识

数控设备使用的是三相交流 380 V 电源，安全性是数控设备安装前期工作中重要的一环。对数控设备使用的电源有如下要求：

4.3.1　电网电压

电网电压波动应该控制在 -15% ~ +10%，而我国电源波动较大，质量差，还隐藏有如高频脉冲这一类的干扰，加上人为的因素（如突然拉闸断电等）。用电高峰期间，例如白天上班或下班前的 1 h 左右以及晚上，往往超差较多，甚至达到 ±20%。使机床报警而无法进行正常工作，并对机床电源系统造成损坏，甚至导致有关参数数据的丢失等。这种现象，在 CNC 加工中心或车削中心等机床设备上都发生过，而且出现频率较高，应引起重视。

4.3.2　机械电气设备的连接

建议在 CNC 机床较集中的车间配置具有自动补偿调节功能的交流稳压供电系统；单台 CNC 机床可单独配置交流稳压器来解决。

建议把机械电气设备连接到单一电源上。如果需要用其他电源供电给电气设备的某些部分（如电子电路、电磁离合器），这些电源宜尽可能取自组成为机械电气设备一部分的器件（如变压器、换能器等）。对大型复杂机械包括许多以协同方式一起工作的且占用较大空间的机械，可能需要一个以上的引入电源，这要由场地电源的配置来定。

除非机械电气设备采用插头/插座直接连接电源处，否则建议电源线直接连到电源切断开关的电源端子上。若无法做到，则应为电源线设置独立的接线座。

电源切断开关的手柄应容易接近，应安装在易于操作位置以上 0.6 ~ 1.9 m。上限值建议为 1.7 m。这样可以在发生紧急情况下迅速断电，减少损失和避免人员伤亡。

4.3.3 数控设备对于压缩空气供给系统的要求

数控机床一般都使用了不少气动元件，所以厂房内应接入清洁、干燥的压缩空气供给系统网络。其流量和压力应符合要求。压缩空气机要安装在远离数控机床的地方。根据厂房内的布置情况、用气量大小，应考虑给压缩空气供给系统网络安装冷冻空气干燥机、空气过滤器、储气罐、安全阀等设备。

4.3.4 数控设备对于工作环境的要求

精密数控设备一般有恒温环境的要求，只有在恒温条件下，才能确保机床的加工精度和质量。普通型数控机床一般对室温没有具体要求，但大量实践表明，当室温过高时数控系统的故障率会大大增加。

潮湿的环境会降低数控机床的可靠性，尤其在酸气较大的潮湿环境下，会使印制线路板和接插件锈蚀，机床电气故障也会增加。因此，中国南方的一些用户，在夏季和雨季时应对数控机床环境有除湿的措施。

（1）工作环境温度应在 0~35 ℃，避免阳光对数控机床直接照射，室内应配有良好的灯光照明设备。

（2）为了提高加工零件的精度，减小机床的热变形，如有条件，可将数控机床安装在相对密闭的、加装空调设备的厂房内。

（3）工作环境相对湿度应小于 75%。数控机床应安装在远离液体飞溅的场所，并防止厂房滴漏。

（4）远离过多粉尘和有腐蚀性气体的环境。

 任务实施

任务名称： **识别 980TDc 数控车床的电源**

980TDc 数控车床的电源共分为四种，车床电源输入为三相五线制，如图 4-12 所示，通过伺服变压器输出三相 AC 220 V，如图 4-13 所示，为伺服驱动提供电源。通过控制变压器输出单相 AC 110 V，为控制电路提供电源，如图 4-14 所示。

图 4-12　车床电源输入端子

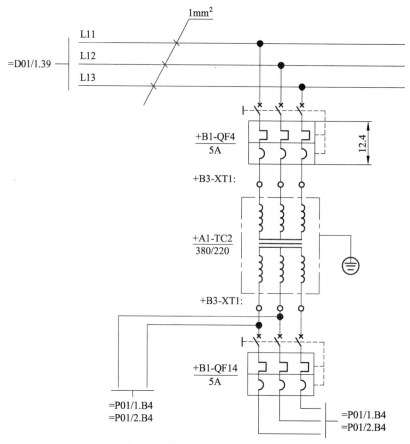

图 4-13 为伺服驱动提供电源图

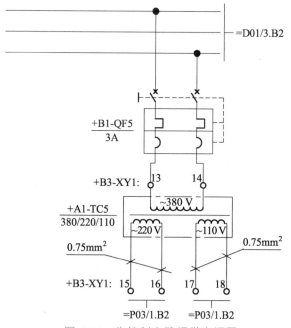

图 4-14 为控制电路提供电源图

还有 DC±5，DC±12 V 以及 DC24 V 电源，由数控系统旁边的开关电源提供，位置如图 4-15 所示，为数控系统供电。另一个是配电柜中的开关电源，输出 DC24 V，为三色灯提供电源。

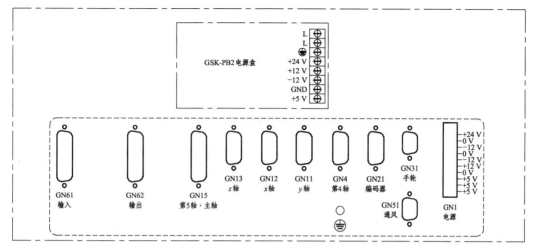

图 4-15　数控系统位置示意图

任务描述

数控机床由于智能化程度高，对机床的电路系统要求也越来越高，机床上的电路越来越模块化，传感器也越来越多，并越来越复杂。普通机床电路元器件不多，电路连接相对简单，一般情况下整个机床的电路在一张图纸上，便于维修人员查阅。而数控车床的电路由于元器件多，电路连接复杂，电路图的查阅方式与普通机床也有区别。

相关知识

自动化设备的电气图纸一般把整个设备的电路分成几部分，每一部分的编号不同，比如电源部分的编号是 N00，当前为电源部分第一页，则当前页的编号为 N00/1。

每一页上标有横纵坐标，横坐标一般是 1、2、3、4、5、…、10，纵坐标一般是 A、B、C、D、E、F，这样编号是为了便于确定某一个电器元件在这一页上的位置，便于查阅。下面以图 4-16 所示的变压器图为例予以说明。

从图 4-16 可以看到，横坐标是 1~10，纵坐标是 A~F，这一页的标号是 D01/2，那么我们说 QF4 这个元件的位置是 D01/2.C4，而 QF14 的位置是 D01/2.E4。这样便于我们在整本电气图中可快速地找到我们想找到的电器元件。

从图 4-16 中可以看到，QF14 出线端的线接位置是 P01/1.B4 和 P01/2.B4，其实这个位置的线并不是断了，而是由于图纸排版的原因没有直接相连，给出了连接的位置。翻到 P01/1 和 P01/2，就可以看到 B4 位置的线号和 QF14 出线端的线号是一样的，说明是连接在一起的。

下面我们来看实训设备的具体电路图。

视频：GSK980TDc 数控车床的电路基础知识

视频：GSK980TDb 数控车床实训设备电气原理图

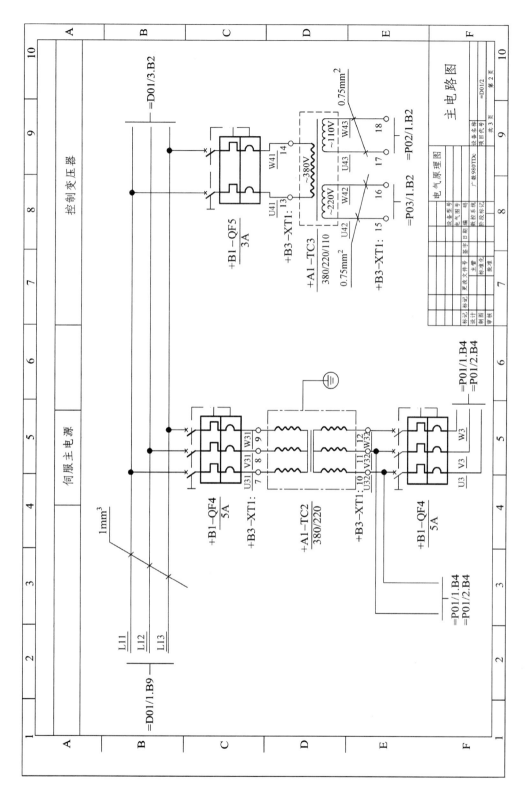

图 4-16 变压器图

4.4.1 冷却泵电路

图 4-17 和图 4-18 是冷却泵控制电路和主电路图。

从图 4-17 冷却泵控制电路图与图 4-18 冷却泵主电路图可以看到，冷却泵由一台三相异步电动机提供动力。三相异步电机的控制电路相对简单，由接触器（KM1）主触点通断控制三相异步电机的运转，控制电路控制接触器（KM1）线圈的通断电，从电路图我们可以看到，在 KM1 主触点旁边标有位置编号，找到 P02/1.D7 的位置，可以看出，KM1 主触点旁边标注的位置编号是 KM1 线圈的位置。

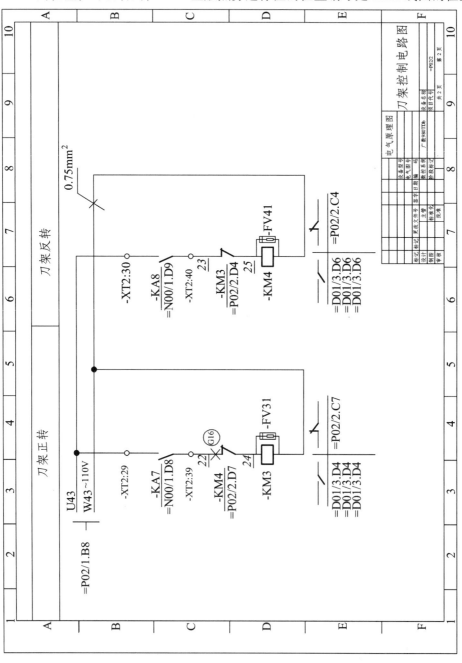

图 4-17　冷却泵冷却控制电路图

158

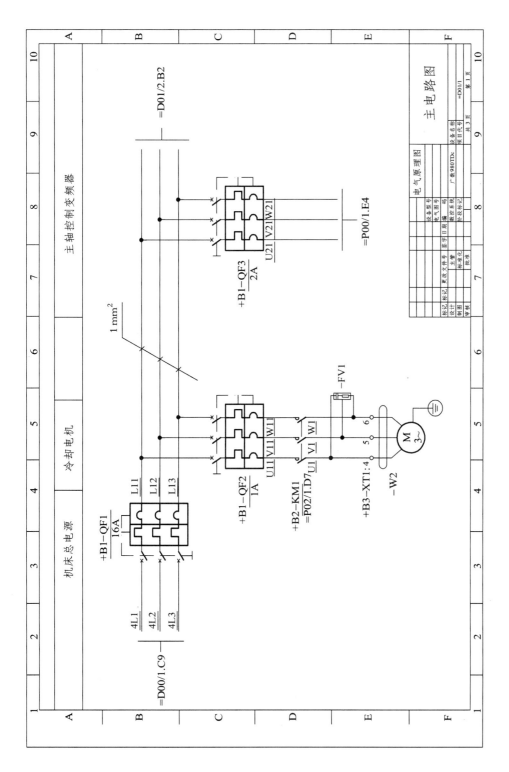

图 4-18 冷却泵主电路图

159

同样，在 KM1 线圈旁边标注的是 KM1 主触点的位置（如果 KM1 接触上用到了辅助常开触点和辅助常闭触点，也会在这里标注出来），这样标注出来的作用便于维护人员在查阅电路图的时候，找到其中一页，即可很快找出相关联元器件的位置，为维护人员翻阅图纸节省时间。

控制电路中，控制线圈通断电的是 KA1 常开触点，KA1 的线圈从电路图 KA1 常开触点旁边的标注可以看到，是在 N00/1.D2 的位置。先找到项目代号为 N00/1 的一页图纸，再找到坐标为 D2 的位置，就可以找到 KA1 的线圈，如图 4-19 所示。

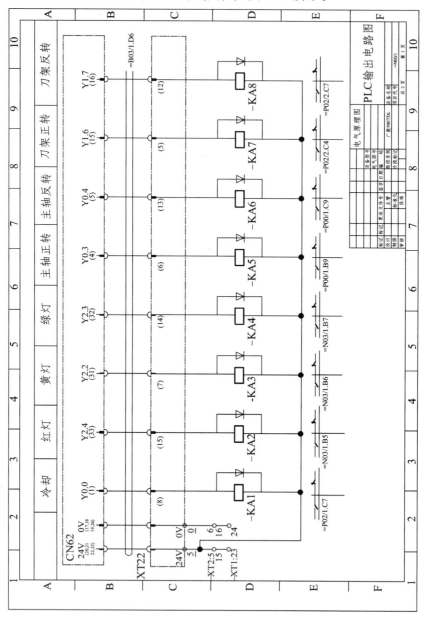

图 4-19　PLC 输出电路图

可以看到，KA1 的线圈下方标注了 KA1 常开触点的位置，P02/1.C7，即冷却控制回路的电路图。

KA1 线圈的通断电是由 PLC 输出点 Y0.0 控制的，整个控制过程是这样的，Y0.0 有输出，KA1 线圈通电，KA1 常开触点闭合，KM1 的线圈通电，KM1 的主触点闭合，冷却泵电动机工作。停止工作过程：PLC 输出点 Y0.0 停止输出，KA1 线圈断电，KA1 常开触点复位断开，KM1 线圈断电，KM1 的主触点复位断开，冷却泵断开电源，停止工作。

数控机床中一个电机工作，往往涉及多张图纸，而在厚厚的电气图纸中找到我们想要的图纸，需要知晓图纸之间的相互关联，使我们的查找方便快捷。目前大部分图纸都是采用位置关联的形式，使我们能快速准确找到想看到的图纸。

4.4.2 刀架电机电路

1. 刀架电机的电路分析

从所有图纸中找到和刀架电机相关的电路图，如果先找到的是刀架电机的主电路图，如图 4-20 所示，我们可以根据接触器主触点旁边的位置标注找到接触器线圈的位置，即刀架电机的控制电路，P02/02，如图 4-21 所示。

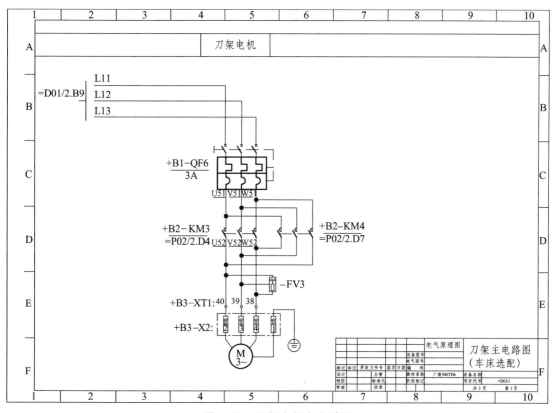

图 4-20　刀架电机主电路图

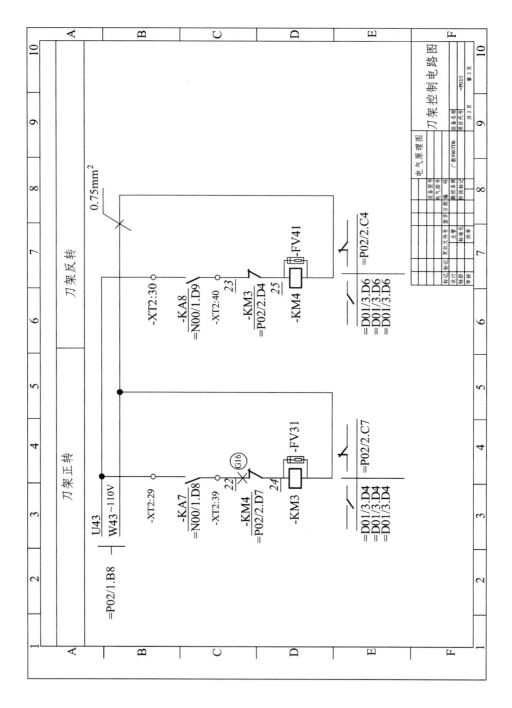

图 4-21 刀架电机控制电路

换刀信号 ——→ 正转继电器(KM3)吸合 ——→ 电机正转 ——→ 上刀体与下刀体齿盘脱开 ——→

上刀体转位 ——→ 到位信号 ——→ 正转继电器松开 ——→ 反转延时信号 ——→ 反转继电器吸合 ——→

电机反转 ——→ 粗定位 ——→ 上刀体与下刀体齿盘啮合 ——→ 精定位并夹紧 ——→ 反转继电器松开

电机停转 ——→ 系统执行下道工序

图 4-22　刀架电机工作过程

控制 KA7 和 KA8 常开触点接通的依然是 PLC 输出电路图（见图 4-19），Y1.6 和 Y1.7。刀架电机的工作过程即换刀过程，如图 4-22 所示。

刀架电机主电路中有一个 FV3，是防止干扰的浪涌吸收器。

为了确保 CNC 稳定工作，在 CNC 安装连接时有必要采取以下措施：

（1）CNC 要远离产生干扰的设备，如变频器、交流接触器、静电发生器、高压发生器以及动力线路的分段装置等。

（2）要通过隔离变压器给 CNC 供电，安装 CNC 的机床必须接地，CNC 和驱动单元必须从接地点连接独立的接地线。

（3）抑制干扰：在交流线圈两端并联 RC 回路（如 FV31 和 FV41），RC 回路安装时要尽可能靠近感性负载；在直流线圈的两端反向并联续流二极管（见图 4-13 PLC 输出电路图中 KA1 到 KA8 旁边的反向并联续流二极管）；在交流电机的绕组端并接浪涌吸收器（如 FV3）。

4.4.3　起动控制电路

起动控制电路指的是控制 CNC 系统起动的电路，如图 4-23 ~ 图 4-25 所示。

在起动控制电路图中，SB1 是控制面板下方的"电源断开"按钮，SB2 是"电源接通"按钮。控制过程是：按下 SB2 的电源接通按钮，KM0 线圈通电，KM0 触点动作，AC 220 V 的电源通过 KM0 的主触点到达 CNC 的 CN1，其实在 CN1 和 KM0 主触点之间还有一个电器元件，即开关电源。

开关电源（Switch Mode Power Supply，SMPS），又称交换式电源、开关变换器，是一种高频化电能转换装置，是电源供应器的一种。其功能是将一个位准的电压，通过不同形式的架构转换为用户端所需求的电压或电流。开关电源的输入多半是交流电源（例如市电）或是直流电源，而输出多半是需要直流电源的设备，例如个人电脑，而开关电源是进行两者之间电压及电流的转换。

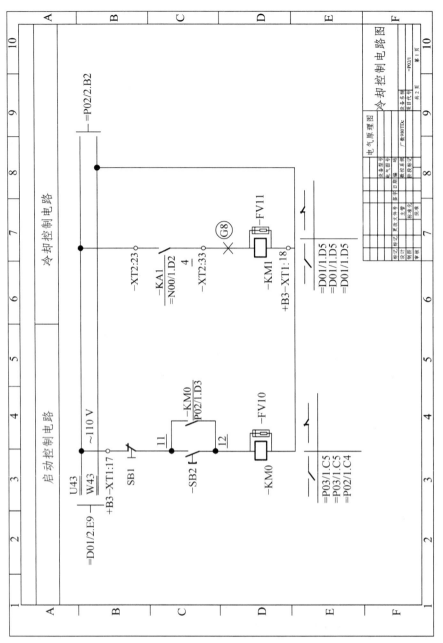

图 4-23　起动控制电路

开关电源不同于线性电源，开关电源利用的切换晶体管多半是在全开模式（饱和区）及全闭模式（截止区）之间切换，这两个模式都有低耗散的特点，切换之间的转换会有较高的耗散，但时间很短，因此比较节省能源，产生废热较少。理论上，开关电源本身是不会消耗电能的。电压稳压是通过调整晶体管导通及断路的时间来达到。相反的，线性电源在产生输出电压的过程中，晶体管工作在放大区，本身也会消耗电能。开关电源的高转换效率是其一大优点，而且因为开关电源工作频率高，可以使用小尺寸、轻重量的变压器，因此开关电源也会比线性电源的尺寸要小，重量也会比较轻。

若电源的高效率、体积及重量是考虑重点时，开关电源比线性电源要好。不过开关电源比较复杂，内部晶体管会频繁切换，若切换电流尚未以处理，可能会产生噪声及电磁干扰影响其他设备，且若开关电源没有特别设计，其电源功率因数可能不高。

GSK980TDc 起动控制电路开关电源的主要作用是，将 AC 220 V 输入到开关电源中，输出 DC 24 V，DC 12 V，DC 5 V 的电源供 CNC 系统使用。

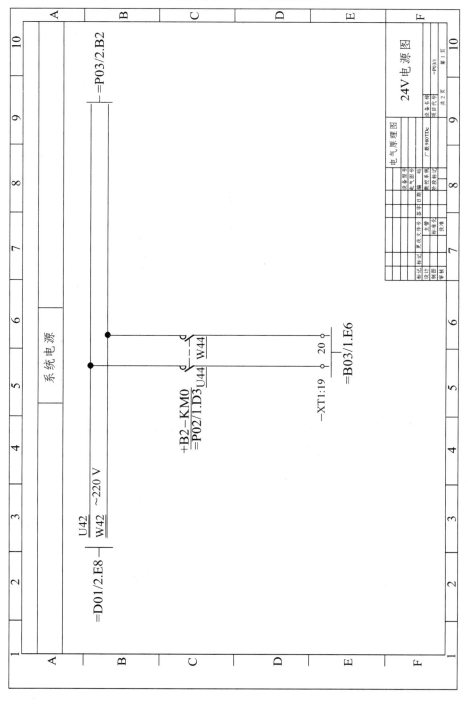

图 4-24　CNC 系统 24 V 电源图

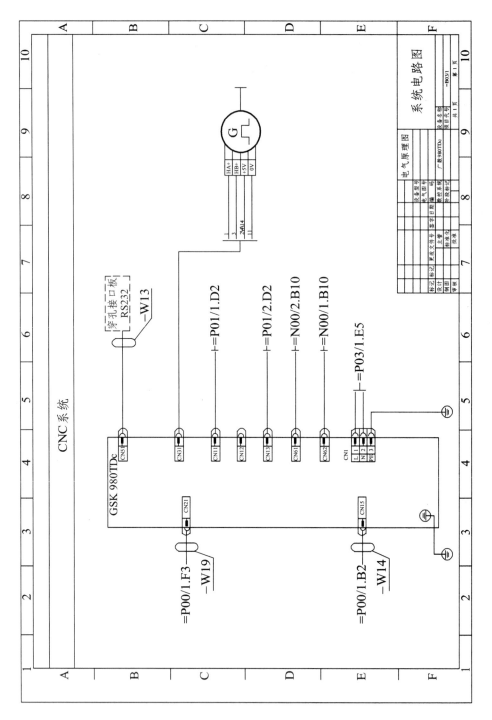

图 4-25 CNC 系统电路图

4.4.4 三色灯电路

三色灯指的是数控车床上面的红黄绿三个用来指示设备工作状态的三个指示灯。三色灯电路如图 4-26 ~ 图 4-28 所示。

三色灯的电路相对简单，PLC 输出点 Y2.2、Y2.3 和 Y2.4 其中一个输出点有输出，对应的中间继电器线圈通电，对应的中间继电器的常开触点闭合，对应的灯亮，来指示当前机床的工作是处于停止、运行还是故障状态。GSK980TDc 数控车床红灯代表停止，绿灯代表运行，黄灯代表故障。三色灯额定电压为 DC 24 V，由配电柜中的开关电源输出端提供电源。

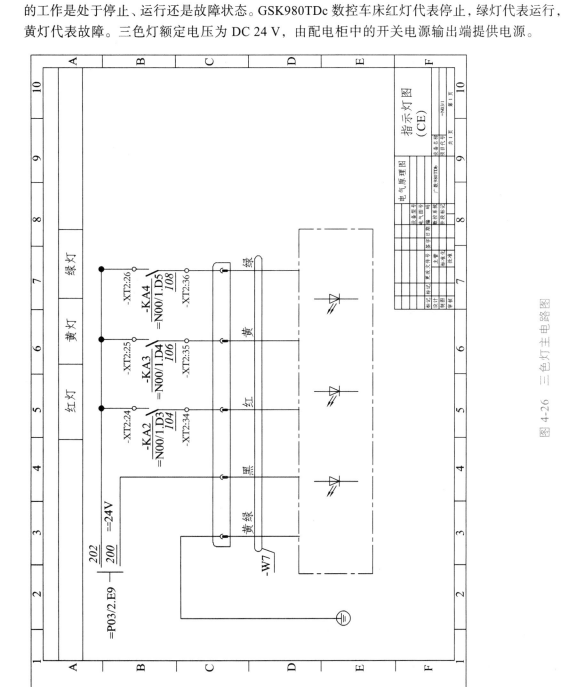

图 4-26　三色灯主电路图

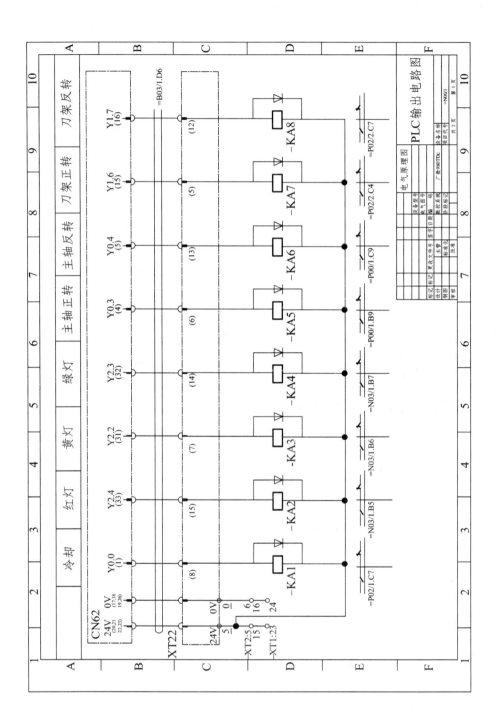

图 4-27　三色灯控制电路图

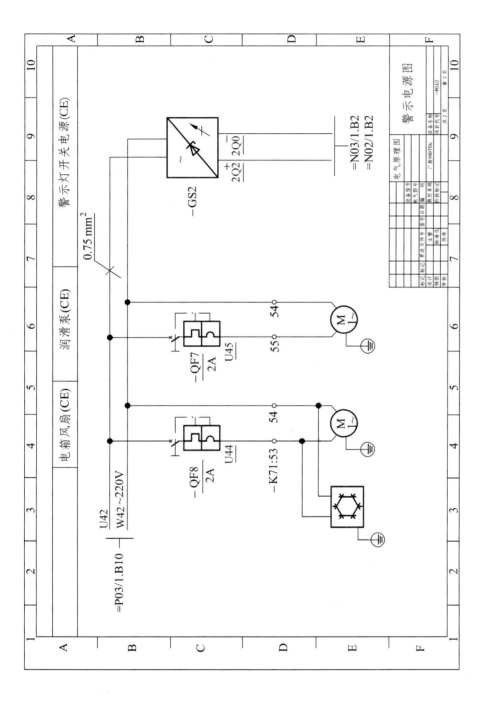

图 4-28　三色灯警示电源图

 **任务实施**

根据 980TDc 数控车床电气原理图，在配电柜找到相应的电路，并完成表 4-4。

表 4-4　电路元件确认表

电路	元件	元件名称	元件上的导线线号	备注
冷却泵电路	断路器	QF2	L11/U11 L12/V11 L13/W11	
	接触器	KM1	主触点：U11/U1， V11/V1， W11/W1	
			线圈：4/W43	
	XT1 接线端子	/	U1，V1，W1	
	中间继电器	KA1	常开触点：U43/4	
刀架电机电路	断路器			
	正转接触器		主触点：	
			线圈：	
	反转接触器		主触点：	
			线圈：	
	XT1 接线端子	/		
	正转中间继电器			
	反转中间继电器			
起动控制电路	电源接通按钮			
	电源断开按钮			
	开关电源			
	XT1	/		
	接触器		主触点：	
			线圈：	
三色灯电路	红色指示灯中间继电器			
	黄色指示灯中间继电器			
	绿色指示灯中间继电器			
	警示灯开关电源			

 任务描述

数控机床电气故障诊断有故障检测、故障判断及隔离和故障定位三个阶段。第一阶段的故障检测就是对数控机床进行测试，判断是否存在故障；第二阶段是判定故障性质，并分离出故障的部件或模块；第三阶段是将故障定位到可以更换的模块或印制线路板，以缩短修理时间。

相关知识

4.5.1 故障诊断方法

为了及时发现系统出现的故障，快速确定故障所在部位并能及时排除，要求故障诊断应尽可能少且简便，故障诊断所需的时间应尽可能短。因此，可以采用以下诊断方法进行诊断。

1. 直观法

利用感觉器官，观察发生故障时的各种现象，如故障时有无火花、亮光产生，有无异常响声、何处异常发热及有无焦煳味等。仔细观察可能发生故障的每块印制线路板的表面状况，有无烧毁和损伤痕迹，以进一步缩小检查范围，这是一种最基本、最常用的方法。

2. CNC 系统的自诊断功能进行诊断

依靠 CNC 系统快速处理数据的能力，对疑似故障部位进行多路、快速的信号采集和处理，然后由诊断程序进行逻辑分析判断，以确定系统是否存在故障，及时对故障进行定位。现代 CNC 系统自诊断功能可以分为以下两类：

（1）开机自诊断

开机自诊断是指从每次通电开始至进入正常的运行准备状态为止，系统内部的诊断程序自动执行对 CPU、存储器、总线、I/O 单元等模块、印制线路板、CRT 单元、光电阅读机及软盘驱动器等设备运行前的功能测试，确认系统的主要硬件是否可以正常工作。

（2）故障信息提示

当机床运行中发生故障时，在 CRT 显示器上会显示编号和内容。根据提示，查阅有关维修手册，确认引起故障的原因及排除方法。一般来说，数控机床诊断功能提示的故障信息越丰富，越能给故障诊断带来方便。但要注意的是，有些故障根据故障内容提示和查阅手册可直接确认故障原因；而有些故障的真正原因与故障内容提示不相符，或一个故障显示有多个故障原因，这就要求维修人员必须找出它们之间的内在联系，间接地确认故障原因。

3. 数据和状态检查

CNC 系统的自诊断不但能在 CRT 显示器上显示故障报警信息，而且能以多页的"诊断地址"和"诊断数据"的形式提供机床参数和状态信息，常见的数据和状态检查有参数检查和接口检查两种。

（1）参数检查

数控机床的机床数据是经过一系列试验和调整获得的重要参数，是机床正常运行的保证。这些数据包括增益、加速度、轮廓监控允差、反向间隙补偿值和丝杠螺距补偿值等。当受到外部干扰时，会使数据丢失或发生混乱，机床不能正常工作。

（2）接口检查

CNC 系统与机床之间的输入/输出接口信号包括 CNC 系统与 PLC、PLC 与机床之间接口输入/输出信号。数控系统的输入/输出接口诊断能将所有开关量信号的状态显示在 CRT 显示器上，用"1"或"0"表示信号的有无，利用状态显示可以检查 CNC 系统是否已将信号输出到机床侧，机床侧的开关量等信号是否已输入到 CNC 系统，从而可将故障定位在机床侧或是在 CNC 系统。

4. 报警指示灯显示故障

现代数控机床的 CNC 系统内部，除了上述的自诊断功能和状态显示等"软件"报警外，还有许多"硬件"报警指示灯，它们分布在电源、伺服驱动和输入/输出等装置上，根据这些报警灯的指示可判断故障的原因。

5. 备板置换法

利用备用的电路板来替换有故障疑点的模板，是一种快速而简便的故障原因判断法，常用于 CNC 系统的功能模块，如 CRT 模块、存储器模块等。需要注意的是，备板置换前，应检查有关电路，以免由于短路而造成好板损坏，同时，还应检查试验板上的选择开关和跨接线是否与原模板一致，有些模板还应注意模板上电位器的调整。置换存储器板后，应根据系统的要求，对存储器进行初始化操作，否则系统仍不能正常工作。

6. 交换法

在数控机床中，常有功能相同的模块或单元，将相同模块或单元互相交换，观察故障转移的情况，就能快速确定故障发生的部位。这种方法常用于伺服进给驱动装置的故障检查，也可用于 CNC 系统内相同模块的互换。

7. 敲击法

CNC 系统由各种电路板组成，每块电路板上会有很多焊点，任何虚焊或接触不良都可能出现故障。用绝缘物轻轻敲打有故障疑点的电路板、接插件或电器元件时，若故障出现，则故障很可能就在敲击的部位。

8. 测量比较法

为检测方便，模块或单元上设有检测端子，利用万用表、示波器等仪器仪表，检测端子的电平或波形，将检测值与正常值作比较，可以分析出故障的原因及故障的所在位置。

由于数控机床具有综合性和复杂性的特点，引起故障的因素是多方面的，上述故障诊断方法有时要几种同时应用，对故障进行综合分析，快速诊断出故障的部位，从而排除故障。同时，有些故障现象是电气方面的，但引起的原因是机械方面的；反之，也可能故障现象是机械方面的，但引起的原因是电气方面的；或者二者兼而有之。因此，对它的故障诊断往往不能单纯地归因于电气方面或机械方面，而必须加以综合，全方位地进行考虑。

4.5.2　数控机床故障排除

1. 初始化复位法

一般情况下，由于瞬时故障引起的系统报警，可用硬件复位或开关系统电源依次来清除故障，若系统工作存储区由于掉电，拔插线路板或电池欠压造成混乱，则必须对系统进行初始化清除，清除前应注意做好数据拷贝记录，若初始化后故障仍无法排除，则进行硬件诊断。

2. 参数更改、程序更正法

系统参数是确定系统功能的依据，参数设定错误就可能造成系统的故障或某功能无效。有时由于用户程序错误亦可造成故障停机，对此可以采用系统的搜索功能进行检查，改正所有错误，以确保其正常运行。

3. 调节、最佳化调整法

调节是一种最简单易行的办法。通过对电位计的调节，修正系统故障。如某厂维修中，其系统显示器画面混乱，经调节后正常。如在某厂，其主轴在起动和制动时发生皮带打滑，原因是其主轴负载转矩大，而驱动装置的斜升时间设定过小，经调节后正常。

最佳化调整是系统地对伺服驱动系统与被拖动的机械系统实现最佳匹配的综合调节方法，其办法很简单，用一台多线记录仪或具有存储功能的双踪示波器，分别观察指令和速度反馈或电流反馈的响应关系。通过调节速度调节器的比例系数和积分时间，来使伺服系统达到既有较高的动态响应特性，而又不振荡的最佳工作状态。在现场没有示波器或记录仪的情况下，根据经验，即调节使电机起振，然后向反向慢慢调节，直到消除振荡即可。

4. 备件替换法

用好的备件替换诊断出坏的线路板，并做相应的初始化起动，使机床迅速投入正常运转，然后将坏板修理或返修，这是最常用的故障排除方法。

5. 提高电源质量法

一般采用稳压电源，来改善电源波动。对于高频干扰可以采用电容滤波法，通过这些预防性措施来减少电源板的故障。

6. 维修信息跟踪法

一些大的制造公司根据实际工作中出现的因设计缺陷造成的偶然故障，不断修改和完善系统软件或硬件。这些修改以维修信息的形式不断提供给维修人员，以此作为故障排除的依据，可正确彻底地排除故障。

4.5.3 维护检修

正确的维护检修可以延长元器件的寿命和零部件的磨损周期，预防各种故障，提高数控机床的平均无故障工作时间和使用寿命。

1. 使用注意事项

（1）数控机床的使用环境：对于数控机床最好使其置于有恒温的环境和远离振动较大的设备（如冲床）和有电磁干扰的设备。

（2）根据设备的电源要求提供电源。

（3）数控机床应有操作规程：进行定期的维护、保养，出现故障注意记录保护现场等。

（4）数控机床不宜长期封存，长期会导致储存系统故障，数据的丢失。

（5）注意培训和配备操作人员、维修人员及编程人员。

2. 数控系统的维护

（1）严格遵守操作规程和日常维护制度。

（2）防止灰尘进入数控装置内：飘浮的灰尘和金属粉末容易引起元器件间绝缘电阻下降，从而出现故障甚至损坏元器件。

（3）定时清扫数控柜的散热通风系统。

（4）经常监视数控系统的电网电压：电网电压范围在额定值的85%～110%。

（5）定期更换存储器的电池。

（6）数控系统长期不用时的维护：经常给数控系统通电或使数控机床运行温机程序。

（7）注意备用电路板的维护和机械部件的维护。

4.5.4 　与维修

1. 情景描述

视频：刀架故障诊断与维修

一台数控车床在进行换刀时，找不到 1 号刀，经过 1 号刀位时，刀架不停，刀架一直转，经过一段时间后，寻不到刀并发出报警信号。

故障分析流程如图 4-29 所示。

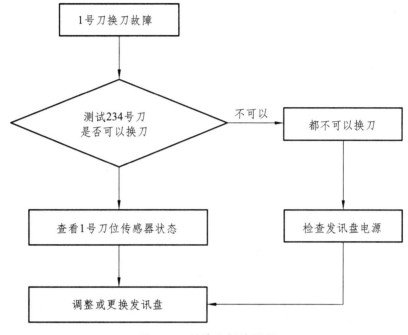

图 4-29　故障分析流程图

2. 资料收集与制订维修计划

电动刀架工作原理：

数控车床使用的回转刀架是最简单的自动换刀装置，有四工位和六工位刀架，回转刀架按其工作原理可分为机械螺母升降转位、十字槽转位等两种方式，其换刀过程一般为刀架抬起、刀架转位、刀架压紧并定位等几个步骤。回转刀架必须具有良好的强度和刚性，以承受粗加工的切削力。同时还要保证回转刀架在每次转位的重复定位精度。

在 JOG 方式下，进行换刀，主要是通过机床控制面板上的手动换刀键来完成；在手动方式下，按下换刀键，刀位转入下一把刀。刀架在电气控制上，主要包含刀架电机正反转和霍尔传感器两部分，实现刀架正反转的是三相异步电机，通过电机的正反转来完成刀架的转位与锁紧。刀位传感器一般是由霍尔传感器构成，四工位刀架就有四个霍尔传感器安装在一块圆盘上，但触发霍尔传感器的磁铁只有一个，也就是说，四个刀位信号始终有个为"1"或为"0"。

图 4-30 是电动刀架与 PLC 的连接图，包含输入与输出两部分，输入主要是刀位信号，输出是刀架电机的正反转，对应的控制逻辑由 PLC 设计完成。

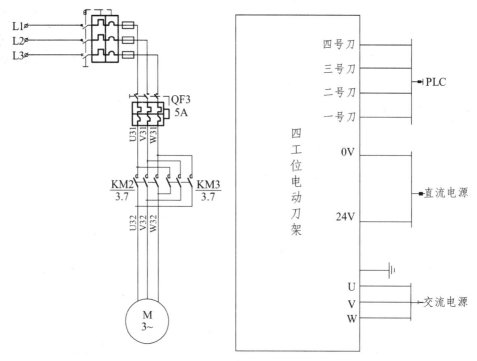

图 4-30　电动刀架与 PLC 的连接图

GSK980TDc 数控车床系统提供 PLC 状态查询，依次按下系统面板上的【SYSTEM】—【PLC】—【信号】键，即可查询现有地址的状态，如图 4-31 所示。正常状态下，刀架有一位是低电平，有三位是高电平。如果四位相同，那么就表示刀架信号异常，产生不能换刀的故障，此时就需要检查发讯盘与线路。GSK980TDc 提供的信号状态查询功能，可以很好地进行信号状态的查询，对辨明故障原因提供很大的方便。

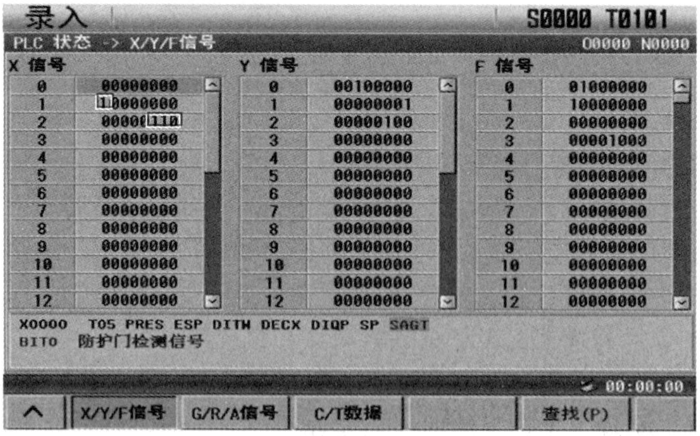

图 4-31　PLC 状态查询

3. 调整或更换发讯盘

计划实施：

（1）拆卸与更换发讯盘，如图 4-32 所示。

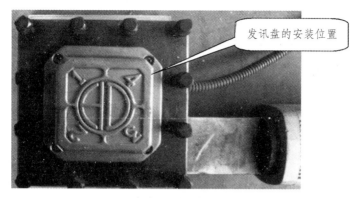

图 4-32 发讯盘

（2）拆卸发讯盘盖，如图 4-33 所示。

图 4-33 拆卸发讯盘盖

（3）调整发讯盘位置，如图 4-34 所示。

图 4-34 调整发讯盘位置

4. 小　结

刀架故障是常见的数控车床故障,原因很多,有因为刀架电机正反转不良造成的,所以需要仔细掌握刀架与 PLC 的控制过程,发现故障原因。本次故障的维修主要是通过 PLC 状态表,查看刀位信号,从而找出故障原因,也可以通过万用表测试相关信号的电平来进行判断。

思考与练习

1. 刀架电机不运转,简述故障发生的原因及排除步骤。

2. 数控系统不工作,其他的正常,经检查,接触器正常吸合,简述可能出现的故障。

3. 在设备维修过程中,故障点一般是唯一的,体现了＿＿＿＿＿＿＿＿＿的哲学道理。

变频器故障诊断与维修

变频器是一种智能工业电力电子电器，现在已经普遍应用于各个行业的传动控制系统中。在工作过程中，变频器也会像其他元器件一样，出现各种各样的故障。做电气维护的工程技术人员都知道，当变频器在工作中出现了故障，能够尽快地查出故障的根源，将故障排除，使设备恢复正常生产，是第一要务。

学习目标

知识目标	能力目标	素质目标
1. 了解变频器的工作原理。 2. 熟悉欧姆龙 3G3JZ 变频器的控制电路。 3. 掌握欧姆龙 3G3JZ 变频器的参数设置。	1. 具有分析、诊断和排除变频器故障的初步能力。 2. 具备识读变频器控制电路图的能力。 3. 具备设置变频器参数的能力。	1. 具有团队协作意识，能自主学习新知识、新技术。 2. 养成节约用电的良好习惯。 3. 养成文明操作的良好习惯。

任务 5.1

认识变频器

任务描述

要快速准确地排除变频器的故障，首先要掌握变频器的应用，能够简单地对变频器进行参数设置。本章以欧姆龙变频器为例，介绍变频器的原理及应用。

相关知识

变频器的应用范围很广，凡是使用三相交流异步电动机电气传动的地方都可以装设变频器。对设备来说，使用变频器有如下三个作用：

（1）对电动机实现节能。使用频率范围为 0～50 Hz，具体值与设备类型、工况条件有关。

（2）对电动机实现调速。使用频率范围为 0～400 Hz，具体值按照工艺要求而定，受电动机允许最大工作频率的制约。

（3）对电动机实现软起动、软制动。频率的上升或下降，可以通过设定时间，实现平滑无冲击电流或机械冲击的起动、制动。

变频器的使用可以节省电能、降低生产成本、减少维修工作量，给实现生产自动化带来方便和好处，应用效果十分明显。

5.1.1 变频器调速控制系统的优势

与传统的交流拖动系统相比，利用变频器对交流电动机进行调速控制的交流拖动系统有如下优点：

（1）节能。

（2）容易实现对现有电动机的调速控制。

（3）可以实现大范围的高效连续调速控制。

（4）容易实现电动机的正反转切换。

（5）可以进行频繁地起停运转。

（6）可以进行电气制动。

（7）可以用一台变频器对多台电动机进行调速控制。

（8）电源功率因数高，所需电源容量小。

（9）可以组成高性能的控制系统。

在许多情况下，使用变频器的目的是节能，尤其是对于在工业中大量使用的风机、鼓风机和泵类负载来说，通过变频器进行调速控制，可以代替传统上利用挡板和阀门进行的风量、流量和扬程的控制，所以节能效果非常明显。

在采用变频器的交流传动系统中，异步电动机的调速控制是通过改变变频器的输出频率来实现的。具体而言，是通过控制变频器的输出频率使电动机工作在转差率较小的范围内，电动机的调速范围较宽，并可以达到提高运行效率的目的。一般来说，通用型变频器的调速范围可以达到 1：10，高性能的矢量控制方式的变频器的调速范围可以达到 1：1 000。此外，当采用矢量控制方式的变频器对异步电动机进行调速控制时，还可以直接控制电动机的输出转矩。因此，高性能的矢量控制变频器与变频器专用电动机的组合在控制性能方面可以达到和超过高精度直流伺服电动机的控制性能。

利用变频器进行调速控制时，只需改变变频器内部逆变电路变流器件的开关顺序即可以达到对输出进行换相的目的，很容易实现电动机的正反转切换，而不需要专门设置正反转切换装置。

此外，对在电网电压下运行的电动机进行正反转切换时，如果在电动机尚未停止时就进行相序的切换，电动机内将会由于相序的改变而流过大于起动电流的电流，有烧毁电动机的危险，所以通常必须等电动机完全停下来之后才能够进行换相操作。而在采用变频器的交流调速系统中，由于可以通过改变变频器的输出频率使电动机按照斜坡函数的规律进行加速，从而达到限制加速电流的目的，因此在利用变频器进行调速控制时，更容易和其他设备一起构成自动控制系统。

对于利用普通的电网电压运行的交流传动系统来说，由于电动机的起动电流较大，并存在着与起动时间成正比的功率损耗，所以不能使电动机进行频繁的起停运转。而对于采用了变频器的交流调速系统来说，由于电动机的起停都是在低速区进行，而且加减速过程都比较平缓，所以电动机的功耗和发热较小，可以进行较频繁的起停运转。

变频调速系统的上述特点可用于采用交流传动系统的传送带和移动工作台等，以达到节能的目的。这是因为在利用异步电动机进行恒速驱动的传送带以及移动工作台中，电动机通常一直处于工作状态，而采用变频器进行调速控制后，由于可以使电动机进行频繁的起停运转，因而可以使传送带或移动工作台只是在有货物或工件时停止运行，从而达到节能的目的。

由于在变频器传动系统中电动机的调速控制是通过改变变频器的输出频率来进行的，所以当把变频器的输出频率降至电动机的实际转速所对应的频率以下时，负载的机械能将被转换为电能，并被回馈给供电电网，从而形成电气制动。此外，一些变频器还具有直流制动功能，即在需要进行制动时，可以通过变频器给电动机加上一个直流电压，并利用该电压产生的电流进行制动。同机械制动相比，电气制动有许多优点，例如体积小、维护简单、可靠性好等。但是也应该注意到，由于在静止状态下电气制动并不能使电动机产生保持转矩，所以在某些场合还必须采取相应的措施，例如和机械制动器同时使用等。

高速传动是变频器调速控制的最重要的优点之一。对于直流电动机来说，由于受电刷和换向器等因素的制约，无法进行高速运转；但对于异步电动机来说，由于不存在上述制约因素，所以从理论上讲，异步电动机的转速可以达到相当高的速度。

5.1.2　变频器调速原理

三相异步电动机要旋转起来的先决条件是具有一个旋转磁场，三相异步电动机的定子绕组就是用来产生旋转磁场的。

旋转磁场的转速为：

$$n = \frac{60f}{p} \qquad (5\text{-}1)$$

式中，f 为电源频率、p 是磁场的磁极对数、n 的单位是：每分钟转数。根据此式可以知道，电动机的转速与磁极数和使用电源的频率有关，如图 5-1 所示。

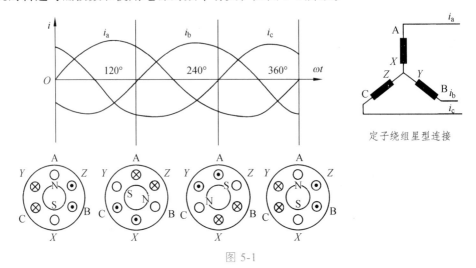

图 5-1

异步电动机的转子转速为：

$$n = \frac{60f(1-s)}{p} \qquad (5\text{-}2)$$

式中，n——电动机转速，r/min；

　　　F——是电源频率，Hz；

　　　p——电动机磁极对数；

　　　s——转差率。

当用工频电源（50 Hz）供电给异步电动机时，两极电动机的最高转速只能达到 3 000 r/min。为了得到更高的转速，则必须使用专用的高频电源或使用机械增速装置进行增速。

目前，高频变频器的输出频率已达到 3 000 kHz，所以当利用这种高速变频器对两极异步电动机进行供电时，可以得到高达 180 000 r/min 的转速。而且随着变频器技术的发展，高频电源的输出频率也在不断提高，因此进行更高速度的传动也将成为可能。

此外，与采用机械增速装置的高速传动系统相比，由于采用高频变频器的高速传动系统中并不存在异步电动机以外的机械装置，其可靠性更好，并且保养和维修也更加简单。

在变频器调速控制系统中，变频器和电动机是可以分离设置的。因此，通过和各种不同的异步电动机的适当组合，可以得到适用于各种工作环境的交流调速系统，而对变频器本身并没有特殊要求。

由于变频器本身对外部来说可以看作是一个可以进行调频调压的交流电源，所以可以用一台变频器同时给多台异步电动机或同步电动机供电，从而达到节约设备投资的目的。而对于直流调速系统来说，则很难做到这一点。

随着控制理论、交流调速理论和电子技术的发展，变频器技术也得到了充分的重视和发展。目前，由高性能变频器和专用的异步电动机组成的控制系统在性能上已经超过了直流电动机伺服系统。此外，由于异步电动机还具有对环境适应性强、维护简单等直流伺服电动机所不具备的许多优点，所以在很多需要进行高速高精度控制的应用中，这种高性能的交流调速系统正在逐步替代直流伺服系统。而且高性能的变频器的外部接口功能也非常丰富，可以将其作为自动控制系统中的一个部件使用，构成所需的自动控制系统。

由于变频器具有上述优点，因而在各种领域中得到了广泛的应用。

 任务实施

任务名称： 测量变频器的输出频率、输出电压和输出电流

变频器控制电机运转，通过旋钮对变频器输出频率进行调节，测量在不同频率下，变频器的输出频率、输出电压和输出电流。填写下面的表格，并思考数据之间的关系。

序号	变频器输出频率	变频器输出电压	变频器输出电流	计算： 变频器输出电压/变频器输出频率

从数据中发现：变频器采用 V/f 模式控制时，在 50 Hz 以下，变频器输出电压/变频器输出频率 = _____ ，变频器控制的电机负载不变的情况下，变频器输出的电流_____ 。

 任务描述

变频器是一台全晶体管设备，对环境（如环境温度、环境湿度、尘埃、油雾、蒸气等）要求较高。为了保证变频器的安全运行，必须完全按照操作说明书进行安装。

为了使变频器能稳定地工作，必须确保变频器的运行环境满足其所规定的允许环境。

相关知识

5.2.1 变频器的安装环境

1. 安装场所和环境的要求

（1）电气室内湿气应少，且无水浸。

（2）无爆炸性、燃烧成腐蚀性气体和液体，粉尘少。

（3）维修检查容易进行。

（4）应备有通风口或换气装置以排出变频器产生的热量。

2. 使用条件

（1）变频器的运行温度多为：0～40 ℃或-10～50 ℃，要注意变频器柜体的通风性。测试环境温度的点应距变频器约 5 mm。

（2）变频器周围相对湿度范围应为 5%～90%，无结露现象。周围湿度过高，存在电气绝缘降低和金属部分的腐蚀问题。如果受安装场所的限制，变频器不得已安装在湿度高的场所，变频器的柜体应尽量采用密封结构。为了防止变频器停止时的结露，有时装置需加对流加热器。

（3）变频器周围不应有腐蚀性、爆炸性或燃烧性气体以及粉尘和油雾。变频器的安装周围如有爆炸性和燃烧性气体，由于变频器内部有多种功率型的电力电子器件，有时会引起火灾或爆炸事故。有腐蚀性气体时，金属部分产生腐蚀，影响变频器的长期运行。如果变频器周围存在粉尘和油雾时，这些气体在变频器内附着、堆积将导致绝缘降低。对于强迫风冷的变频器，由于过滤器堵塞将引起变频器内温度异常上升，致使变频器不能稳定运行。

（4）变频器的耐振性因机种的不同而不同，振动超过变频器的容许值时，将产生部件等紧固部分松动，往往导致变频器不能平稳地运行。对于机床、船舶等事先能预见的振动场合，应考虑变频器的振动问题。

（5）变频器应用地方的海拔多规定在 100 m 以下。海拔高则气压下降，容易导致绝缘被破坏。海拔在 100 m 以上的变频器绝缘没有直接规定，在 1 500 m 时气压降低 5%，从 1 000 m 开始，每超过 100 m 容许的温升就下降 1%。在海拔 1 000 m 以上时，使用变频器时要适当放大其功率等级。

5.2.2 变频器的安装方式

变频器在运行过程中会有一定的功率损耗转化为热能，使自身温度升高。1 kV·A 容量的损耗功率为 40~50 W。因此安装变频器的主要问题是如何把变频器产生的热量充分散发出去。

1. 挂墙安装的散热处理

由于变频器本身有良好的外壳，一般情况下可直接挂墙安装。为保证良好的通风，变频器应垂直安装，且变频器与四周距离应保证两侧距离大于 100 mm，上下距离大于 200 mm。

2. 单台柜式安装

当周围尘埃较多，或其他控制电器需要与变频器安装在一起时，可采用柜式安装。采用柜式安装时，应在柜顶加装抽风式冷却风机，冷却风机的位置尽量在变频器的正上方。

3. 多台柜式安装

当一台控制柜内安装两台或多台变频器时，尽量横向并排安装。如必须纵向排列时，应在两台变频器之间加一隔板，避免下面的变频器排出的热风进入上面的变频器中。

挂墙安装的主要优点是散热较好，但对周围环境要求较高。当周围环境较差时，最好采用柜式安装，并加装冷却风机。

变频器可以一个挨一个地并排安装，中间不需要空隙，当一台变频器安装在另一台变频器之上时必须保证规定的环境条件，因此至少要留有规定的间隙。

5.2.3 温度控制

变频器运行过程中要发热，而且安装变频器的场所温度也可能变化。通常应对高温的措施有：采用强迫通风技术，安装空调，避免光照，避免直接暴露在热辐射或暖空气中，配电柜周围空气要流通。

应对低温措施有配电柜内安装加热器，不要关闭变频器，仅关闭变频器起动信号。

对于应对温度突然变化，首先应选择安装位置，避免其周围温度突然变化；应避免放置在空气调节器的管口处。如果窗户的开关会使温度突然变化，应远离窗口安装变频器。

5.2.4 湿度控制

湿度控制包括应对高湿度措施和应对低湿度措施两种。

1. 应对高湿度的措施

（1）使用具有污垢防护结构的配电柜，并在其中放置湿气吸收剂。
（2）向配电柜中吹入干燥空气。
（3）在配电柜中加装加热器。

2. 应对低湿度的措施

（1）向配电柜中吹入适当的干燥空气。
（2）释放人身和设备静电。

 任务实施

任务名称： **查找接线有误之处，并予以说明**

观察图 5-2～图 5-4，找出它们接线错误的地方，并予以详细说明。

图 5-2

图 5-3

图 5-3

任务 5.3

变频器主电路的接线

 任务描述

变频器通过改变电源频率,改变电机的运转速度,变频器的位置在电源和电机之间。主电路的接线包括三相基本接线与单相基本接线。

相关知识

5.3.1 变频器主电路接线

变频器主电路的三相基本接线如图 5-5 所示,QF 是低压断路器,FU 是熔断器,KM 是接触器。L1、L2、L3 是变频器的输入端,接电源进线。U、V、W 是变频器的输出端,与电动机相连。

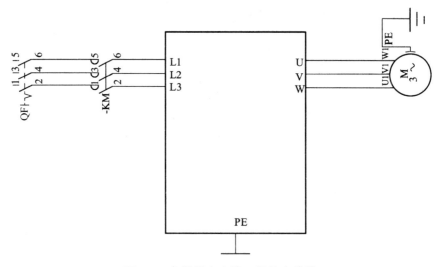

图 5-5　变频器主电路三相基本接线

变频器的输入端和输出端是绝对不允许接错的。如果将电源进线误接到 U、V、W 端,无论哪个逆变器导通,都将引起两相间的短路而将逆变管迅速烧坏。

变频器主电路的单相基本接线如图 5-6 所示,L 为相线,N 为零线。

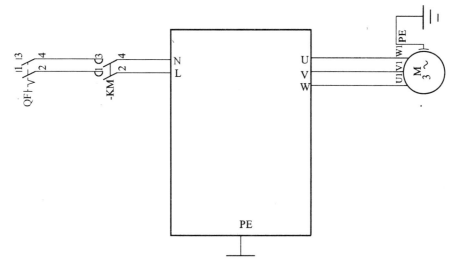

图 5-6　变频器主电路的单相基本接线

变频器的主电路根据实际情况选择电抗器、滤波器等。

PE 为接地端，变频器在投入运行时必须可靠接地，如果不把变频器可靠接地，接地装置内可能会出现导致人身伤害的潜在危险。当变频器和其他设备或有多台变频器一起接地时，每台设备都必须分别和地线相连，不允许将一台设备的接地端和另一台设备的接地端相连后再接地。

 任务实施

任务名称：	**变频器重新起到操作**

以欧姆龙变频器 3G3JZ 为例，通过 980TDc 数控车床电路原理图发现，变频器输入为 380 V 三相电源，以空气开关作为隔离开关。通过电气原理图，查找变频器输入电源，对变频器进行重新起动操作。

任务 5.4

变频器参数设置

 任务描述

变频器在运行过程中，要对其运行方式和频率设定方式等参数进行设定。现在市场上变频器很多，具有代表性的有三菱、西门子、欧姆龙、台达等。下面以欧姆龙 3G3JZ 变频器为例予以介绍。了解变频器的参数设定，以便在设备出现故障时更准确地判断故障位置。

相关知识

5.4.1 变频器操作面板的名称和功能

欧姆龙 3G3JZ 变频器的外形如图 5-7 所示。

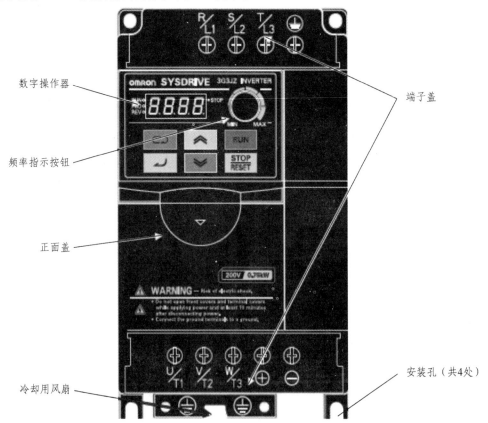

图 5-7 欧姆龙 3G3JZ 变频器的外形图

使用变频器之前，首先要熟悉它的面板显示和键盘操作单元（或称控制单元），并且按照使用现场的要求合理设置参数。

图 5-8 所示为欧姆龙 3G3JZ 变频器面板显示器名称及功能。

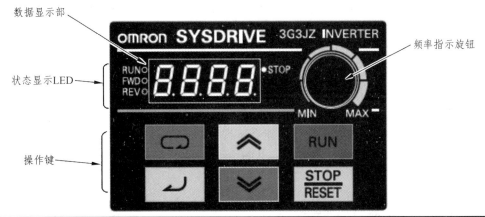

	名称	功能
8.8.8.8	数据显示部	显示频率指令值、输出频率数值及参数常数设定值等相关数据
（旋钮）	频率指令按钮	通过旋钮设定频率时使用。 旋钮的设定范围可在0Hz~最高频率之间变动
RUN·	运转显示	运转状态下LED亮灯。运转指令OFF时在减速中闪烁
FWD·	正转显示	正转指令时LED亮灯。从正转移至反转时，LED闪烁
REV·	反转显示	反转指令时LED亮灯。从反转移至正转时，LED闪烁
STOP·	停止显示	停止状态下LED亮灯。运转中低于最低输出频率时LED闪烁
·	（进位显示）	在参数等显示中显示5位数值的前4位时亮灯
（状态键）	状态键	按顺序切换变频器的监控显示。 在参数常数设定过程中按此键则为跳过功能
（输入键）	输入键	在监控显示的状态下按此键的话进入参数编辑模式。 在决定参数No.显示参数设定值时使用。 另外，在确认变更后的参数设定值时按下
（减少键）	减少键	减少频率指令、参数常数No.的数值、参数常数的设定值
（增加键）	增加键	增加频率指令、参数常数No.的数值、参数常数的设定值
RUN	RUN键	启动变频器（但仅限于用数字操作器选择操作/运转时）
STOP/RESET	STOP/RESET键	使变频器停止运转（只在参数n2.01设定为【STOP键有效】时停止）；另外，变频器发生异常时可作为复位键使用

图 5-8　欧姆龙 3G3JZ 变频器面板显示器名称及功能

5.4.2 欧姆龙 3G3JZ 变频器控制电路的接线

欧姆龙 3G3JZ 变频器标准接线如图 5-9 所示，接线时应注意如下事项：

（1）电源必须接 R、S、T，绝对不能接 U、V、W，否则会烧坏变频器。在接线时不必考虑电源的相序。

（2）接线后，零碎线头必须清除干净，零碎线头可能造成设备运行时发生异常、失灵和故障，必须始终保持变频器清洁。在控制台上打孔时，请注意不要使碎片粉末等进入变频器。

（3）为使电压降在 2% 以内，须用适当型号的电线接线。

（4）布线距离最长 500 m。尤其长距离布线，因布线寄生电容所产生的冲击电流会引起过电流保护误动作，输出侧连接的设备可能会运行异常或者发生故障。

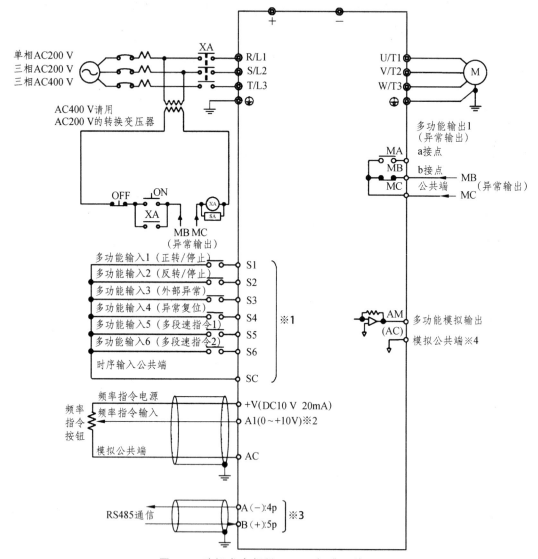

图 5-9　欧姆龙变频器 3G3JZ 标准配线图

5.4.3 欧姆龙 3G3JZ 变频器操作使用

1. 切换显示的数据

按 ▭ 切换显示的数据，如图 5-10 所示。（差图 5-10）

按模式键切换数据显示。接通电源时，频率指令从「F0.0」开始，和输出频率「H0.0」、输出电流「A0.0」的数据按图 5-11 所示顺序切换。注：输出电压指令的监控在参数 n0.04（监控显示项目选择）中显示时，可对显示内容进行变更。

2. 频率指令的设定

下面两种情况可通过数字操作器设定频率指令：

（1）在参数 n2.00（频率选择）中设定"0"（操作器的增减/减少键输入有效），在多功能输入中没有输入多段速指令或者第二频率指令时。

（2）在参数 n2.09（第二频率选择）中设定"0"（操作器的增加/减少键输入有效），多功能输入的第二频率指令被输入，多段速指令没有被输入时。

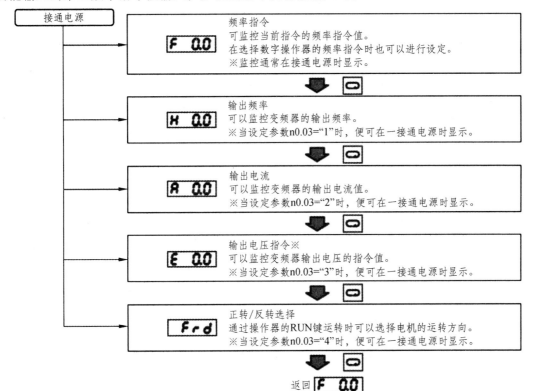

图 5-11 各种模式的切换示意图

频率设定示如图 5-12 所示，具体过程见表 5-1。

图 5-12 频率设定

表 5-1　频率设定

操作键	数据显示部	说　明
—	R 0.0	可显示的监控模式都可变频率指令。 例如，输出电流的监控显示时。 注：但在正/反转选择的监控显示中无法变更频率
⌄ ⌃	F 0.0	按下增加键或减少键便可将显示切换至频率指令并设定频率指令。变更后的数值就以频率指令的形式反映出来。 注：变更频率指令无需操作输入键

3. 正转/反转选择的设定

通过面板直接改变电机的旋转方向（电机运转中可以改变旋转方向）。通过操作器的 RUN 操作键运转时，选择电机的旋转方向。在其他运转指令下此功能无效。正转/反转切换设定如图 5-13 所示，具体操作见表 5-2。

图 5-13　正转/反转切换设定

表 5-2　正反转切换

操作键	数据显示部	说　明
⟲	F r d	按下模式键显示正转/反转选择的监控。 F r d 正转　　r E u 反转
⌄ ⌃	r E u	按下增加键或减少键后，监控的旋转方向改变。 （在按下键后显示改变时旋转方向立刻改变）

4. 参数设定

在操作变频器时，根据控制要求向变频器输入一些参数，如上、下限频率，加、减速时间等。另外要实现某种功能，例如采用组合操作方式等，都要对变频器的参数进行设置才能实现。参数设定如图 5-14 所示，具体说明见表 5-3。

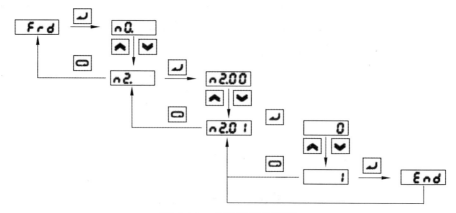

图 5-14　参数设定示意图

表 5-3　参数设定

操作键	数据显示部	说　明
↵	n0.	无论哪个监控模式都可通过按下输入键进入到参数设定模式中
⌄ ⌃	n2.	按下增加键或减少键后，请选择想设定的参数组群 n0
↵	n2.00	按下输入键会显示选择组群中的参数
⌄ ⌃	n2.01	按下增加键或减少键后，请选择想设定的参数号
↵	0	再次按下输入键则显示参数的设定数据
⌄ ⌃	1	按下增加键或减少键，可按想要设定的值进行设定
↵	End	按下输入键确定设定值后，End 会显示 1 s
1 s 后	n2.01	1 s 后，显示设定过的参数编号

注：（1）若不想确认设定值，则可按模式键 ▭ ，此时就会取消设定内容并返回前阶段。

（2）参数可分为在运转中变更的参数和无法在运转中变更的参数两种，如果变更了无法在运转中变更的参数的话会显示 Err ，表明设定值无效。

（3）设定了禁止参数变更或密码变更保护时，即使设定参数，也会显示 Err ，表明设定值无效。

5.4.4　欧姆龙 3G3JZ 变频器的运行模式

欧姆龙 3G3JZ 变频器的运行模式和两个参数相关，分别是 n2.00（频率指令选择）和 n2.01（运行指令选择）。具体模式设置见表 5-4。

表 5-4　变频器操作模式

参数	名称	说　明	设定范围	设定单位	出厂设定
n2.00	频率指令选择	0：操作器的增量/减量键输入有效； 1：操作器的频率指令旋钮有效； 2：频率指令输入 A1 端子（电压输入 0～10 V）有效； 3：频率指令输入 A1 端子（电流输入 4～20 mA）有效； 4：RS485 通信发出的频率指令有效。 注：①多功能输入（n4.05～n4.08）的多段速指令（设定值 01，02，03）不受 n2.00 的设定影响一直有效； ②A1 端子电流/电压输入选择请使用 SW 开关切换 ACI/AVI	0～4	1	1

参数	名称	说　明	设定范围	设定单位	出厂设定
n2.01	运行指令选择	0：操作器的 RUN/STOP 键有效； 1：控制回路端子（2 线式或 3 线式），操作器的 STOP 键有效； 2：控制回路端子（2 线式或 3 线式），操作器的 STOP 键无效； 3：RS485 通信的运转指令有效，操作器的 STOP 键有效； 4：RS485 通信的运转指令有效； 操作器的 STOP 键无效	0~4	1	0

5.4.5　欧姆龙 3G3JZ 变频器基本参数介绍

欧姆龙 3G3JZ 变频器参数按功能分了 10 个组别，包括基本功能、变频器运转方法设定、输入输出端子设定、多段速频率指令设定、保护功能设定等，这里介绍变频器的几个常用参数。

1. 基本功能设定

（1）参数初始化 n0.02：在生产中，将变频器参数初始化要谨慎，在确定不会出现安全事故的情况下，才允许参数初始化设定，见表 5-5。

表 5-5　参数初始化的设定参数

参数	名称	说　明	设定范围	设定单位	出厂设定
n0.02	禁止选择变更参数/参数初始化	禁止参数的变更，另外也可将参数恢复为出厂值。 0：可设定及参照全部参数； 1：仅可设定 n0.02，其他所有参数仅可参照； 8：操作键锁定； 9：最高频率 50 Hz 时的初始化； 10：最高频率 60 Hz 时的初始化	0~10	1	0

以设定 n0.02=9 为例，介绍参数设定的过程，见表 5-6。

表 5-6　n0.02 设定过程

操作键	数据显示部	说　明
↵	n0.	请按下输入键移至参数的设定模式
⌄ ⌃	n0.	n0.02（参数写入禁止选择/参数初始化）为组群 n0，因此需按下增加键或减少键选择组群 n0。 ※接通电源时显示组群 n0
↵	n0.00	按下输入键后显示选择组群内的参数

操作键	数据显示部	说　明
∨ ∧	n0.02	请按下增加键或减少键选择 n0.02（参数写入禁止选择/参数初始化）
↵	0	再次按下输入键则显示参数的设定数据
∨ ∧	9	请按下增加键或减少键选择设定值 "9"
↵	End	按下输入键确定设定值后，显示 1 s 的 End 显示
1 s 后	F 0.0	1 s 后，显示频率指令。 ※参数设定后通常是会显示参数的号，但只有在初始化的时候，会显示为初始化后的频率指令

（2）设定变频器运转方向的参数（有些地方设定了电机的运转方向，比如传动带，不允许反方向运行，需要设定此参数），见表 5-7。

表 5-7　运转方向的设定参数

参数	名称	说　明	设定范围	设定单位	出厂设定
n2.04	反转禁止选择	选择输入反转指令时的动作。 0：可反转（可正转） 1：禁止反转（可正转） 2：可反转（禁止正转）	0～2	1	0

2. 与时间有关的参数

在一些机械加工过程中，为提高生产效率，防止物料浪费，需要电机起动到指定运行频率时间要短，停机要迅速。因此，变频器提供此项控制功能——加减速时间。

加速时间是指变频器从"输出最低频率"加速到"最高操作频率"所需要的时间。

减速时间是指变频器从"最高操作频率"减速到"输出最低频率"所需时间。

（1）加减速时间原则。

因加速时间越短，变频器从"输出最低频率"加速到"最高操作频率"时上升率越快，会使电机过电流失速（电机转速与变频器输出频率不合拍）而引起变频器跳闸。加速时间在设定时，应考虑到将加速电流限制在变频器过电流允许值之下。

同样因减速时间越短，变频器从"最高操作频率"减速到"输出最低频率"时下降率越快，会使变频器的平滑电路电压过大，再生过电压失速而引起变频器跳闸。减速时间在设定时，应考虑到再生制动时变频器产生过电压。

（2）欧姆龙 3G3JZ 变频器和加减速时间相关的参数，见表 5-8。

表 5-8　加减速时间的设定参数

参数	名称	说　明	设定范围	设定单位	出厂设定
n1.09	加速时间 1	加速时间：从最高频率（n1.00）0% 到 100% 的时间设定； 减速时间：从最高频率（n1.00）100% 到 0% 的时间设定。	0.1～600.0	0.1 s	10
n1.10	减速时间 1				10
n1.11	加速时间 2				10

参数	名称	说　明	设定范围	设定单位	出厂设定
n1.12	减速时间 2	※实际的加减速时间=[加减速时间设定值]×[频率指令]/[最高频率] ※加减速时间 1 和 2，通过将多功能输入（n4.05～n4.08）设定为"7（切换加减速时间）"，可进行两者切换			10

3. 与频率相关的参数

为保证变频器的负载能正常运行，在运行前必须设定其上、下限频率，采用 n1.07"频率指令上限值"和 n1.08"频率指令下限值"（出厂设定和设定范围见表 5-9）进行设定。

表 5-9　频率的设定参数

参数	名称	说　明	设定范围	设定单位	出厂设定
n1.07	频率指令上限值	设定频率指令的上限值以及下限值。 即使收到超过上限值或下限值的频率指令、变频器仍然只输出上限值或下限值。	0.1～120.0	0.1%	110.0
n1.08	频率指令下限值	最高频率（n1.00）为 100%，设定时以%为单位。※请必设定 n1.08 ≤ n1.07。 ※当设定频率指令下限值(n1.08)不足最低输出频率（n1.05）时，即使输入了不足最低输出频率的频率，变频器也不输出	0.1～100.0		0.0

任务实施

以机电设备维修技术实训室的欧姆龙 3G3JZ 变频器的操作为例予以介绍，其接线如图 5-15 所示。

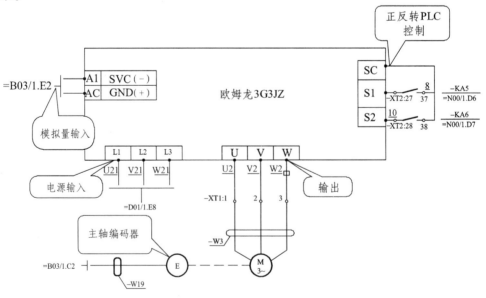

图 5-15　980TDc 数控车床欧姆龙 3G3JZ 变频器的接线示意图

从图中可以看到，变频器输入端方向的控制是由 KA5 和 KA6 的常开触点控制的；转速的控制是由 A1 和 AC 之间的模拟量输入控制的。输入端电源为三相 380 V 电源。输出端电压随变频器频率的不同而不同。

变频器的运行模式设定的参数应该是 n2.00 和 n2.01。变频器频率指令选择 n2.00 是由模拟量电压输入，应该设定为 2；变频器运转指令选择参数 n2.01 是由控制回路端子（2 线式或 3 线式），操作器的 STOP 键无效，应该设定为 2。

如果要对变频器做恢复出厂设置，要设定参数 n0.02 = 9（最高频率 50 Hz 初始化）。根据设备的需要，加速时间 n1.09 = 0.5 s，n1.10 = 0.5 s。

变频器外部接线图如图 5-16 所示。

图 5-16　变频器外部接线图

从接线图可以看出来，变频器本身是没有反馈的，此系统中要观察主轴的转速，外加一个编码器和主轴相连，编码器转速直接反馈回 CNC 系统。

任务 5.5　变频器故障处理方法及维修

任务描述

通过变频器故障举例，抛砖引玉，让大家不畏惧变频器的维修，善观察，勤思考，以及扎实的基础知识是维修设备必备的品质。

相关知识

5.5.1　变频器故障的处理方法

1. 通过故障信息分析故障原因

变频器具有比较周全的保护功能，一旦发生故障会立即保护和报警，将故障的信息存储在变频器内，并优先显示在操作面板的显示屏上，所以故障信息提示对于分析和处理是非常有用的，而初学者往往会忽略这一点。

在变频器报警，面板显示故障的情况下，正确的做法首先不是重新送电，而是分析故障的原因，因为造成故障的因素不排除，重复送电不但对消除故障无助，而且会进一步扩大故障的范围。

例如过电压动作，对于变频器来说，过电压是比较危险的故障，当电压超过功率器件的耐压值时，会将功率模板击穿造成永久性损坏。一旦故障报警，首先应检查减速时间的设置是否太短，若已经配置了制动斩波器的，则应检查再生单元工作是否正常，制动电阻值是否变大或者开路，电网供电电压是否过高，邻近有无设备操作等。在对上述问题确认以前，切勿盲目送电。在通过以上排除过程后，若依然故障报警，可进一步怀疑变频器内部电路是否有问题，比如电压采用电路的电阻是否变值或者损坏，乃至电压比较器运算放大器是否损坏。

盲目重复送电，造成故障扩大的例子很多。例如变频器故障信息提示"逆变器内部故障"，通常是功率模块已经短路，在故障存在的情况下重复送电，很可能又导致熔断器熔断和整流模块损坏。

2. 根据故障现象确定大致范围

变频器发生故障后，常常伴随着器件的损坏，一般经过仔细观察就可以找到故障的部位。例如器件的开裂、放电的痕迹、爆炸产生的碎片、烧损而产生的变色和异味等。通过了解故障部位才能有助于分析故障和推断故障发生的原因。

3. 故障的全面检查

上面说到的是有针对性的检查，但这些还不够，即使已经确认了故障发生的原因，也应进一步对其相关的部分进行由此及彼的全面检查。

例如确认功率模块的损坏后，必须进一步检查对应的驱动电路和电源电路，这部分电路往往因功率模块受损而跟着受损。例如中间电路的熔断器损坏，通常怀疑由逆变模块损坏导致，如已经判断功率模块已被损坏（如用万用表测试后），则必须进一步往上检查驱动电路乃至 PWM 脉冲是否正常；再如变频器上电时无任何故障报警，供电电压也正常，但一旦变频器运行即告知"直流低电压"，此时就应该检查充电接触器是否不动作或者触点是否被损坏。如接触器经过检查完好，则应进一步检查主控板推动接触器的继电器是否吸合，继电器的线圈是否得电等。

视频：变频器故障示例

 任务实施

任务名称 1： 织布机变频器过热跳闸故障修

故障现象：某企业有多台从德国引进的织布机，每台织布机由一台 4 kW 变频器进行驱动。设备工作了几年后，陆续有变频器出现过热跳闸，甚至个别变频器模块损坏。

故障分析：检查织布机的负载情况，没有变化；查看变频器的工作电流，也在额定电流之内，和以往没有区别。观察冷却风扇的转速，也没有问题。因为过热跳闸并不频繁，又因为该变频器安装在织布机的下部，必须趴在地上才能检查，维护很不方便，因此没有对变频器采取进一步的检查维护措施。变频器出现过热报警故障，休息一会儿又继续工作。

故障排除：某一台织布机上的变频器烧毁，功率模块损坏。在分解变频器查看损坏原因时，发现变频器的散热器中堵满了棉絮，因为棉絮堵塞了散热器风道，使变频器的散热能力下降，模块长期处于过热状态而损坏。

根据损坏的变频器的风道堵塞现象，判断其他处于过热的变频器的风道可能也已经堵塞。将经常报过热故障的几台变频器拆下来检查，发现风道确实出现了不同程度的堵塞现象。将堵塞的棉絮清除，变频器不再报过热故障。

结论：变频器出现过热跳闸甚至损坏的原因是风道堵塞，造成散热不良。

任务名称 2： 空气压缩机每工作十几分钟就报过热停机故障检修

故障现象：一台 55 kW 变频器配用 55 kW 电动机用于空气压缩机。该空压机进入夏季后出现过热跳闸现象，开始几天出现一次，后来每十几分钟就出现一次，空气压缩机不能正常工作。

故障检查：测量变频器的输入电压和电流，和以前没有变化，查看变频器的冷却风扇，转速没有问题。该车间工作环境不太好，粉尘较多，是否变频器的散热片散热不良？目测散热片通风道，发现散热片上附着了一层厚厚的黑色灰尘。用高压空气将散热器风道进行吹尘，并连同风扇的扇叶灰尘一起清除，开机运行，变频器过热现象不再发生。

变频器运行几天后，又出现过热跳闸现象。且跳闸和天气有关系，当下雨天气，气温比较凉爽，变频器就正常工作；当天气温度高，变频器就频繁跳闸，用手触及变频器的散热片，感觉温度不是很高，说明变频器过热跳闸并没有达到应有的温度。怀疑变频器自身有问题。

故障维修：请变频器专业维修人员进行检查，判断为变频器的检测电路有问题，过热跳闸是变频器误报。

将变频器拆分开，变频器的温度传感器是热敏电阻型。拔掉热敏电阻接线端子，变频器正常运行。测量热敏电阻阻值，在室温下是 7.6 kΩ。热敏电阻供电电压为 5 V。给热敏电阻加温（可用打火机晃动烘烤，注意火焰和电阻的距离），阻值明显减小，说明该传感器还有热敏功能。将热敏电阻重新接回电路，变频器仍然在工作中报过热。因为手头没有该热敏元件的参数，又怀疑该热敏阻值有问题，于是用一 2 kΩ 可调电阻与之串联，改变可调电阻的阻值，使传感器回路的总阻值在 8 kΩ 左右，又接回到变频器开机运行，几天中没有出现过热停机现象，由此判断为传感器老化，热敏参数发生了变化。

向变频器厂家购得同一型号热敏电阻传感器，将原传感器进行了更换，变频器过热跳闸现象排除。

结论：热敏电阻型传感器当老化变质时，其阻值偏离了正常值，变频器的报警温度也会偏离设定的正常值。阻值变小会出现实际温度没有达到报警温度时提前报警（本变频器就是），当阻值变大会出现实际温度已经达到了报警温度而不报警的现象，这会使模块过热而损坏。

故障现象：机电设备维修技术实训室某一台数控机床使用了两年后，主轴忽然出现了只能正转不能反转的现象。

故障分析：主轴的运行是由欧姆龙 3G3JZ 变频器控制的三相异步电动机带动的。检查变频器和 PLC 及外围电路。

故障排除：图 5-17 所示为故障分析流程图。

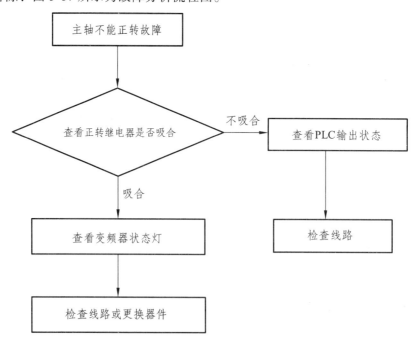

图 5-17　故障分析流程图

数控机床对变频器的控制原理：

广州数控系统对模拟主轴的控制，主要包含速度与方向控制，速度控制的来源是由系统根据速度指令转化为 0～10 V 的电压给变频器进行控制，如在 MDI 方式下输入"M03 S1000"，该程序段中 S1000 会通过系统转换为 0～10 V 的模拟电压，输出给变频器的模拟量控制接口。而主轴旋转的方向，是由 PLC 根据指令进行输出正反转继电器吸合来完成的。上例中的"M03"就是 PLC 进行译码，输出一个信号给继电器，继电器吸合后，闭合变频器上的正转端子，完成主轴正转的控制。

（1）查看正转继电器，如图 5-18 所示。

查看正反转控制继电器的状态，从而确定PLC的输出。

图 5-18　查看正转继电器

（2）查看变频器状态，如图 5-19 所示。

变频器接收到正反转信号后，"RUN"灯会亮起。本例中，正反转吸合，"RUN"不亮，说明是继电器触点线路故障，通过检查发现时继电器触点故障，更换排除故障。

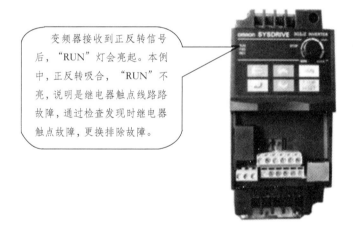

图 5-19　查看变频器状态

思考与练习

1. 通过设置欧姆龙 3G3JZ 变频器的参数，用上/下键调节，使变频器运行在 15 Hz 的频率，并且可以直接切换正反转。

2. 通过设置欧姆龙 3G3JZ 变频器的参数，用旋钮调节，使变频器运行在 20 Hz 的频率，并且可以直接切换正反转。

3. GSK980TDc 数控机床上的主轴电动机是由欧姆龙 3G3JZ 变频器控制的，数控机床开机之后，在 MDI 模式下，写入 M03 S200，运行，主轴不运转，简述故障原因及处理过程。

4. 要做好设备维修工作，应该具备的品质是（   ）[多选]

A. 善观察   B. 勤思考

C. 必要的基础知识   D. 什么都不用准备，到时候就会了

设备管理

设备管理在企业运营中占据着举足轻重的地位,其深远意义不容忽视。有效的设备管理能够确保生产线的稳定运作,减少故障导致的生产停滞,进而提升生产效率与产出。同时,通过定期维护和预防性保养,可以预测并规避潜在的设备问题,显著降低维修成本,并延长设备的使用寿命,减少资本支出。设备管理还涉及安全检查和风险评估,有助于消除安全隐患,保障员工工作安全。此外,设备管理的优化对于提升产品质量、增强企业竞争力、支持可持续发展以及推动技术创新都具有重要作用。它不仅能提高员工的专业技能,还有助于优化资产管理,为企业创造更大的经济效益。因此,设备管理不仅是一项日常任务,更是企业持续发展和市场竞争力的关键所在。

学习目标

知识目标	能力目标	素质目标
1. 理解设备管理的基本概念、流程和重要性; 2. 掌握设备管理的内容与要求,包括设备的日常维护、点检、润滑和维修; 3. 学习"6S"管理方法,并了解其在设备管理中的应用。	1. 具备制定和执行设备管理计划的能力,确保设备高效、安全运行; 2. 具备运用"6S"管理方法对设备和生产现场进行有效管理的能力。	1. 培养细致入微的工作态度,对设备管理的每一个细节都给予足够的重视; 2. 增强责任心和主动性,主动发现问题并寻求解决方案; 3. 提高团队协作能力,与团队成员共同完成设备管理和生产任务。

设备管理基础认知

设备管理在企业运营中至关重要。通过提高设备管理水平，企业可以实现生产效率的提升、运营成本的降低、产品质量的提升以及员工安全的保障，从而增强企业的市场竞争力和可持续发展能力。

 任务描述

某大型制造企业拥有多个生产车间和成千上万台设备。设备的正常运行直接影响生产效率和产品质量。然而，由于设备种类繁多，传统的设备报修管理方式效率低下，故障响应慢，导致设备停机时间长，严重影响生产进度和企业效益。

采取高效的设备报修管理措施，提高设备管理效率。

相关知识

6.1.1 设备管理流程

设备管理流程如图 6-1 所示。

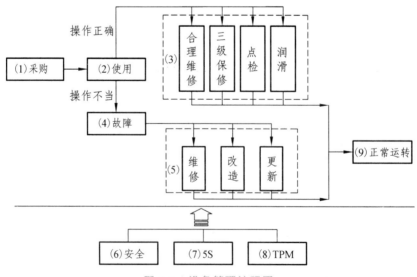

图 6-1　设备管理流程图

（1）采购是设备前期管理的重要内容，企业在采购设备时可以使用招标采购法。

（2）设备购回来后应立即投入使用，为企业创造利润。

（3）设备是企业的重要资产，因此，各级操作人员必须正确使用，同时合理维护、做好三级保养及点检与润滑工作，以确保设备能够正常运转。

（4）一旦设备操作不当，就容易出现故障。

（5）设备出现故障后，企业应当立即组织维修工作。如果企业自身不具备维修能力，可以采取委托维修的方式。如果设备老化严重、故障太大或经过多次维修仍不能正常使用，就应当进行改造或更新。

（6）安全使用是设备管理的重点，只有确保安全，企业才能够使设备发挥出最大的效力。

（7）企业要定期对设备实施"6S"管理，使设备始终保持整洁、有序、高效的状态。

（8）通过推行 TPM 活动，促使全体员工做好设备维护工作，降低设备故障的发生频率。

（9）使设备始终保持正常运转是设备管理的核心目标，只有这样才能确保企业源源不断地生产出高质量的产品。

6.1.2　设备管理的内容与要求

企业进行生产作业必须合理地使用相关设备，并做好设备的维护保养工作，使设备处于良好的技术状态。

6.1.2.1　设备管理的内容

1. 设备的选购和评价

企业应根据技术先进、经济合理、生产可行的要求，正确地选购设备。

2. 设备技术状况管理

企业一般应按设备的技术状况、维护状况和管理状况将其分为"完好设备""非完好设备"，并分别做好登记工作，同时对"非完好设备"进行修理、改造或更新。

3. 设备润滑管理

对设备润滑管理要做好以下工作：

① 企业设备管理部门应配备润滑专业人员负责设备润滑专业技术管理工作；修理车间设润滑班或润滑人员负责设备的润滑工作。

② 针对每台设备都编制完善的设备润滑"五定"（定点、定质、定时、定量、定人）图表和要求，并认真执行。

③ 要认真执行设备用油的"三清洁"（油桶、油具、加油点），保证润滑油（脂）的清洁和油路畅通，防止堵塞。

④ 对大型、特殊、专用设备用油要坚持定期分析化验制度。

⑤ 润滑专业人员要做好设备润滑技术的推广和油品更新换代工作。

4. 设备缺陷的处理

① 设备发生缺陷时，岗位操作和维护人员能排除的应立即排除，并在日志中详细记录。

② 岗位操作人员要将无力排除的设备缺陷详细记录并逐级上报，同时精心操作，悉心观察，注意缺陷发展。

③ 对于未能及时排除的设备缺陷，必须在每天的生产调度会上研究决定如何处理。

④ 在安排处理每项缺陷前，必须有相应的措施，明确专人负责，以免缺陷扩大。

5. 设备运行管理

设备运行管理是指通过一定的手段，使各级维护人员能牢牢掌握住设备的运行情况，依据设备运行的状况制定相应管理措施：

（1）加强设备日常维护保养

企业应加强对设备的日常维护保养，确保设备正常运行，例如在设备旁边放上一瓶水，以便能够及时对设备进行清洁。

（2）建立健全系统设备巡检标准

企业要依据其结构和运行方式，对每台设备定出检查的部位（巡视点）、内容（检查什么）、正常运行的参数标准（允许的值），并针对设备的具体运行特点，对设备的每个巡检点确定出明确的检查周期。检查周期一般可分为时、班、日、周、旬、月检查点。

（3）建立健全巡检保证体系

岗位操作人员负责对本岗位使用设备的所有巡检点进行检查，专业修理人员要负责重点设备的巡检任务。

（4）信息传递与反馈

生产岗位操作人员巡检时，如发现设备不能继续运转需紧急处理的问题，要立即通知当班调度，由值班负责人组织处理。对于一般隐患或缺陷，应检查后在相应的表格上进行记录，并按时传递给专职巡检员。

专职维修人员进行设备点检后，要做好记录，除安排本组人员处理外，还要将信息传递给专职巡检员，以便统一汇总。

专职检员除完成重点设备的巡检点任务外，还要负责将各方面的巡检结果按日汇总整理并列出当日重点问题并及时输入计算机，以便企业综合管理。

（5）动态资料的应用

巡检员针对巡检中发现的设备缺陷、隐患提出应安排检修的项目，纳入检修计划。

巡检中发现的设备缺陷，必须立即处理的，由当班的生产指挥者即刻组织处理；本班无能力处理的，应由企业上级领导确定解决方案。

重要设备的重大缺陷，由企业上级领导组织研究，确定控制方案和处理方案。

无能力处理的，应由企业上级领导确定解决方案。

（6）设备薄弱环节的管理

① 对薄弱环节进行认定。

② 应依据动态资料列出设备薄弱环节，按时组织审理，确定当前应解决的项目，提出改进方案。

③ 对设备薄弱环节采取改进措施后，要进行效果复核考察，提出评价意见，经有关领导审阅后，存入设备档案。

6. 设备的改造更新

为了满足提高产品质量、发展新产品、改革老产品和节约能源的需要，企业应当有计划、有重点地对现有设备进行改造和更新。这项工作包括编制改造更新规划、改造方案和新设备技术经济论证，改造更新资金，处理老设备等。

6.1.2.2 设备管理的基本要求

设备管理的基本要求是操作人员必须做到"三好""四会"。

（1）"三好"的要求

设备的"三好"要求具体见表 6-1。

表 6-1 "三好"要求

标准	具体要求
管好	（1）要保管好自己使用的设备及其附件； （2）未经批准，不能任意改动设备结构； （3）非本设备操作人员，不准擅自使用； （4）操作者不能擅离岗位
用好	（1）严格遵守设备操作规程，不超负荷使用； （2）不带故障运转； （3）不在机身导轨面上放置工件、计量器具和工具等
修好	（1）保证设备按期修理，认真做好一级保养； （2）修理前主动反映设备情况； （3）修好后认真进行验收

（2）"四会"的要求

在"三好"基础上，还要做到"四会"，具体要求见表 6-2。

表 6-2 "四会"要求

标准	具体要求
会使用	熟悉设备结构，掌握操作规程，正确合理地使用设备，熟悉加工工艺
会保养	（1）保证设备内外清洁，熟悉掌握一级保养内容和要求； （2）按润滑点正确地加油，保证滑轨导面无锈蚀和碰伤
会检查	（1）设备开动前，会检查操作机构，检查安全限位是否灵敏可靠，各滑导面润滑是否良好； （2）设备开动后，会检查声响有无异常，并能够发现故障隐患； （3）设备停工时，会检查与加工工艺有关的精度，并能作简单的调整
会排除故障	（1）通过设备的声响、温度、运行情况等，能及时发现设备的异常状态，并能判断出异常状态的部位及原因，根据自己确切掌握的技能，采取适当的处理措施； （2）对于自己不能解决的故障，能迅速判断并及时通知检修人员协同处理，排除故障

6.1.3 设备管理方式的更新

随着工业化、信息化的发展，设备制造、自动控制等出现了新的突破，设备管理也出现了新的方式。该企业可采取设备全员管理、设备管理信息化、设备系统自动化、集成化等新型设备管理方式以提升设备管理效率。

6.1.3.1 设备的全员管理

设备全员管理就是以提高设备的全效率为目标，建立以设备使用的全过程为对象的设备管理系统，实行全员参加管理的一种设备管理与维修制度。其主要包括以下内容：

1. 设备的全效率

全效率是指从设备的投入到报废，企业为设备投入了多少资源，从设备那里得到了多少收益，其所得与所投之比。其目的在于以尽可能少的寿命周期费用使企业做到产量高、质量好、成本低、按期交货、无公害安全生产。

2. 设备的全系统

（1）设备实行全过程管理

这一过程把设备的整个寿命周期，包括规划、设计、制造、安装、调试、使用、维修、改造直到报废、更新等全部环节作为管理对象，打破了传统设备管理只集中在设备使用过程的维修管理上的做法。

（2）设备采用的维修方法和措施系统化

在设备的研究设计阶段要认真考虑预防维修，提高设备的可靠性和维修性，尽量减少维修费用。

在设备的使用阶段，应采用以设备分类为依据、以点检为基础的预防维修和生产维修。对那些重复性发生故障的部位，应针对故障发生的原因采取改善维修，以防止同类故障的再次发生。这样，就形成了以设备一生作为管理对象的完整维修体系。

3. 全员参加

全员参加是指发动企业所有与设备有关的人员都来参加设备管理。

① 从企业最高领导到生产操作人员都参加设备管理工作，其组织形式是生产维修小组。

② 将所有与设备规划、设计、制造、使用、维修等有关的部门都组织到设备管理中来，使其分别承担相应的职责。

6.1.3.2 设备管理的信息化

设备管理的信息化应该是以丰富、发达的全面管理信息为基础，通过先进的计算机和通信设备及网络技术设备，充分利用社会信息服务体系和信息服务业务为设备管理服务。

设备管理信息化主要表现在以下三个方面：

1. 设备投资评价的信息化

企业在投资决策时，一定要进行全面的技术经济评估，设备管理的信息化为设备的投资评估提供了一种高效可靠的途径。通过设备管理信息系统的数据库，可以获得投资决策所需的统计信息及技术经济分析信息，为设备投资提供全面、客观的依据，从而保证设备投资决策的科学化。

2. 设备经济效益和社会效益评估的信息化

设备信息系统的构建，可以积累设备使用的有关经济效益和社会效益评价的信息，利用计算机能够在短时间内对大量信息进行处理，提高设备效益评价的效率，为设备的有效运行提供科学的监控手段。

3. 设备使用的信息化

信息化管理改变了以往只用文字信息做记录的方式，使得记录设备使用的各种信息更加容易和全面，这些使用信息可以通过设备制造商的客户关系管理反馈给设备制造厂家，提高设备的实用性、经济性和可靠性。同时，设备使用者通过对这些信息的分享和交流，可以强化设备的管理和使用。

6.1.3.3　实施专业的设备维修

建立设备维修供应链，实施专业化的维修方式，以保证维修质量、缩短维修时间、提高维修效率。此外，企业应指导、培训专业的设备维修人员，这样既可以保证维修质量又可以提高设备使用效率，同时降低了资金占用率。

6.1.3.4　设备系统自动化、集成化

现代设备的发展方向是：自动化、集成化。由于设备系统越来越复杂，对设备性能的要求也越来越高，因而也提高了对设备可靠性的要求。

可靠性标志着设备在其整个使用周期内保持所需质量指标的性能。不可靠的设备显然不能有效地工作，因为无论是个别零部件的损伤，还是由于技术性能降到允许水平以下而造成停机，都会带来巨大的损失，甚至造成灾难性后果。

可靠性工程是通过研究设备的初始参数在使用过程中的变化，预测设备的行为和工作状态，进而估计设备在使用条件下的可靠性，从而避免设备意外停止作业、造成重大损失和灾难性事故。

6.1.3.5　加强设备故障的监测、诊断

为了保证设备的正常工作状态，做到物尽其用，发挥最大效益，有必要事先做好设备故障的预防，这项工作主要通过设备监测和故障诊断来实现的。

1. 做好设备状态监测

设备状态监测技术是指通过监测设备或生产系统的温度、压力、流量、振动、噪声、润

滑油黏度、消耗量等各种参数，与设备生产厂家的数据相比较，分析设备运行的好坏，对机组故障做早期预测、分析诊断与排除，将故障消灭在"萌芽"状态，降低设备故障停机时间，提高设备运行可靠性，延长机组的运行周期。

2. 加强设备故障诊断

设备故障诊断技术是一种通过了解和掌握设备在使用过程中的状态，确定其整体或局部是否正常，早期发现故障及其原因，并能预测故障发展趋势的技术。

随着科学技术与生产的发展，设备工作强度的不断增大，生产效率、自动化程度的不断提高，设备越来越复杂，各部分的关联越来越密切，往往某处微小故障就会引发连锁反应，导致整个设备乃至与设备有关的环境遭受灾难性的毁坏，不仅造成巨大的经济损失，还会危及人身安全，后果极为严重。采用设备状态监测技术和故障诊断技术，就可以事先发现故障，避免发生较大的经济损失和事故。

6.1.3.6 由定期维修转向预知维修

设备的预知维修管理是企业设备科学管理的发展方向，为减少设备故障、降低设备维修成本、防止生产设备的意外损坏，通过状态监测技术和故障诊断技术，可以在设备正常运行的情况下进行设备整体维修和保养。

通过预知维修降低事故率，使设备在最佳状态下正常运转，这是保证生产按预订计划完成的必要条件，也是提高企业经济效益的有效途径。

预知维修的发展是和设备管理的信息化、设备状态监测技术、故障诊断技术的发展密切相关的，预知维修需要的大量信息是由设备管理信息系统提供的，通过对设备的状态监测，得到关于设备或生产系统的温度、压力、流量、振动、噪声、润滑油黏度、消耗量等各种参数，并由专家对各种参数进行分析，进而实现对设备的预知维修。

以上设备管理的趋势是和当前企业生产的技术经济点相适应的，这些趋势带来了设备管理水平的提升，具体内容见表6-3。

表6-3 设备管理的趋势与改进

趋 势		改 进	
信息化趋势	（1）设备投资评估的信息化； （2）设备经济效益、社会效益评价的信息化； （3）设备使用的信息化	可靠性工程的应用	（1）避免意外停机； （2）保证设备的工作性能
维修的社会化、专业化、网络化趋势	（1）保证维修质量、缩短维修时间、提高维修效率、减少停机时间； （2）保证零件的及时供应、价格合理； （3）节省技术培训费用	状态监控和故障诊断技术	（1）保证设备的正常工作状态； （2）保证物尽其用，发挥最大效益； （3）及时对故障进行诊断，提高维修效率
		从定期维修向预知维修的转变	（1）节约维修费用； （2）降低事故发生率、减少停机时间

 **任务实施**

高效设备管理软件应用案例

为提高设备的管理效率，该企业引入了数制云工单系统，并利用其设备故障报修管理功能优化设备维护流程。以下是数制云工单系统具体采用的功能和应用效果：

（1）采用功能

① 故障报修便捷化。

以前，设备操作人员需要通过电话或书面形式报告设备故障，过程繁琐且易出现信息遗漏。现在，通过数制云工单系统，操作人员只需通过手机或电脑登录系统，填写设备故障信息并提交工单。系统会自动记录报修时间、故障描述等详细信息，极大提高了报修效率。

② 自动化工单分配。

系统根据故障类型和设备位置，自动将工单分配给相应的维修人员或团队，确保故障能在最短时间内得到处理。避免了人工分配的滞后性，提高了故障响应速度。

③ 实时状态跟踪。

管理人员可以通过系统实时查看每个故障工单的处理状态，包括工单接收、处理中、已完成等。维修人员也可以通过系统反馈维修进展，确保信息透明，沟通高效。

④ 历史数据分析。

数制云工单系统记录了所有设备的故障和维修历史，企业可以通过数据分析发现设备的常见故障和薄弱环节，从而制定相应的预防性维护策略，减少故障发生率。

（2）实际应用效果

通过应用数制云工单设备故障报修管理功能，该企业在设备管理方面取得了显著成效：

① 故障响应时间缩短。

设备故障的响应时间从过去的平均 2 小时缩短至 30 分钟内，极大减少了设备停机时间，确保了生产线的连续运行。

② 维修效率提高。

自动化工单分配和实时状态跟踪使维修人员能够更高效地完成维修任务，维修效率提高了约 50%。

③ 设备故障率下降。

通过对故障数据的分析和预防性维护的实施，设备故障率下降了约 30%，显著提升了设备的可靠性和使用寿命。

④ 运营成本降低。

由于设备停机时间和故障维修次数减少，企业的运营成本得到了有效控制和降低，整体运营效率大幅提升。

数制云工单设备故障报修管理功能通过其便捷的报修方式、自动化的工单分配、实时的状态跟踪和历史数据分析，帮助企业实现了设备故障的高效管理，显著提高了生产效率和设备可靠性。这个应用案例充分证明了现代信息技术在企业设备管理中的重要价值，为企业的持续发展提供有力保障。

请大家根据案例，查阅资料，列举常用的设备管理软件。

设备点检与润滑

设备作为生产工具，其高效、稳定的运行直接影响到企业的生产效率和经济效益。因此，合理使用设备，不仅能够提高生产效率，还能够确保产品质量；设备维护能够使设备保持良好的状态，延长其使用寿命，降低故障率，还能够避免因设备故障导致的生产中断和产品质量问题。所以，设备使用与维护对于企业的持续发展具有深远影响。

📑 任务描述

某企业新购入的数控机床在投入使用前，要制定数控机床点检方案。请确定数控机床日常点检要点，并编制数控机床日常保养点检表。

相关知识

6.2.1 设备使用与维护

6.2.1.1 设备使用控制

合理地使用设备可以减轻设备磨损，使设备保持良好的性能和应有的精度，从而保持较高的生产效率，因此，企业各级人员要严格做好设备的使用控制工作。

1. 设备使用控制方法

（1）凭证操作

凡主要生产设备的操作者，必须凭证操作，没有操作证一律不得擅自使用设备。

① 操作人员在独立使用设备前，企业应对其进行设备结构、性能、技术规范、维护知识和安全操作规程及实际技能的培训考试，经设备工具处、教育处、劳资处审查合格后发给操作证。未经培训的人员，不可以操作设备，企业应在一些设备上贴出此类警示。

② 重点设备，进口设备，精、大、稀、关键设备的操作人员经培训后，还需通过由设备工具处会同有关部门进行的考试合格后，发给操作证。

③ 对于确有操作多种设备能力的人员，经考试合格，允许操作同工种 2～3 台设备。多人操作的设备必须实行台机长负责制。

④ 对设备状态进行标示，防止误操作。

⑤ 临时操作使用的设备人员，培训后经领导和机械员同意，方可临时使用设备。

⑥ 对于调离本厂，或因工种变动而不再使用的原设备人员，必须收回操作证，并交设备工具处注销。

（2）为操作人员规定用好、管好设备的多项纪律

① 凭操作证使用设备，遵守安全操作规程，不得违反，否则予以重罚。

② 经常保持设备整洁并按规定加油。

③ 遵守交接班制度。

④ 管好工具、附件，不得遗失。

⑤ 发现故障立即停机检查，如自己不能处理，则通知检修部门。

⑥ 对设备表面的各种按键、指示灯等要细心使用，不能大力按住或旋转。

（3）建立和健全操作人员的岗位责任制

按照岗位责任制的要求，对个人操作、一班作业的设备建立专人专机制；对于三班作业和几个人共同操作的设备，建立机长负责制。在机组内，进一步划分操作岗位和职责，做到每台设备有专人管、人人有专责。

（4）建立健全的机制

可根据设备不同的工艺特点、生产条件，采用适当的方式。

（5）设立班组设备员

在基层生产班组中推举设备员，以协助班组长和车间设备员管理好本班组内的所有设备。在规模较大的班组内，可以推举数人组成设备管理小组。

（6）培育与树立先进岗位或班组

在生产现场设备管理中，培育与树立先进岗位和班组，对于动员广大员工管好、用好设备起着不可估量的作用。

2. 备使用注意事项

① 机电设备使用前，设备管理人员要与人力资源部配合，组织使用人员接受操作培训，工程部负责安排技术人员讲解。

② 使用人员要做到会操作，清楚日常保养知识和安全操作知识，熟悉设备性能，由工程部签发设备操作证后，方可上岗操作。

③ 使用人员要严格按安全操作规程工作，企业可以将相关警示标志贴到设备上。

6.2.1.2 设备一级保养

1. 设备一级保养

设备必须经常做保养，一级保养就是对设备做好日常的检查、润滑保养。检查内容如下：

① 检查皮带是否松动。

② 检查制动开关是否正常。

③ 检查安全防护装置是否完整。

④ 检查设备易松动的部件是否紧固。

⑤ 检查设备运作环境是否清洁、有无障碍物。

2. 润滑保养

润滑保养是设备日常保养的重要内容。做好设备润滑的"五定"管理工作，就是把日常润滑技术管理工作规范化、制度化，以保证润滑工作的质量。

① 定点：根据润滑图表上指定的部位、润滑点、检查点，进行加油、添油、换油，检查液面高度及供油情况。

② 定质：确定润滑部位所需油料的品种、品牌及要求，保证所加油质必须经化验合格。采用代用材料或掺配代用，要有科学依据。润滑装置、器具完整清洁，防止污染油料。

③ 定量：按规定的数量对各润滑部位进行日常润滑，要做好添油、加油情况和油箱的清洗。

④ 定期：按润滑卡片上规定的间隔时间进行加油，并按规定的间隔时间进行抽样检验。

⑤ 定人：按图表上的规定分工安排工作人员分别负责加油、添油、清洗换油，并规定负责抽样送检的人员。

3. 填写一级保养卡

保养人员在进行一级保养时要做好记录，填写一级保养卡（见表6-4），以便掌握设备的日常保养情况。

表6-4　一级保养卡

设备名称				编　号				
直接保养责任人				直接上级				
日期 保养内容	周围 环境	表面 擦拭	加油 润滑	固件 松动	安全 装置	放气 排水	……	保养 签章	上级 签章
1								
2								
3								
⋮								
31								

6.2.1.3　设备二级保养

二级保养主要是为了清除设备使用过程中由于零部件磨损和维护保养不良所造成的局部损伤，减少设备的有形磨损，为完成生产任务提供保障。

1. 二级保养的内容

二级保养也被称作定期保养，具体实施时以操作人员为主，维修人员为辅。其主要内容包括以下几点：

① 清扫、检查电器箱、电动机，做到电器装置固定整齐，安全防护装置牢靠。

② 清洗设备相关附件及冷却装置。

③ 按计划拆卸设备的局部和重点部位，并进行检查，彻底清除油污、疏通油路。

④ 清洗或更换油毡、油线、滤油器、滑轨导面等。

⑤ 检查磨损情况，调整各部件配合间隙，紧固易松动的各部位。

一般而言，设备累计运转 500 h 可进行一次二级保养，保养停机时间约 8 h。

2. 填写二级保养卡

除了做好规定的保养工作外，还要填写二级保养卡（见表 6-5），对调整、修理及更换的零件、部件做好记录，同时将发现的、尚未解决的问题进行记录，为日后的修理提供依据。

表 6-5　二级保养卡

设备名称			设备编号	
二级保养者			督导者	
项　　次	保养项目	标　准	保养周期	保养结果记录
1				
2				
3				
4				
5				

6.2.1.4　设备三级保养

三级保养是设备磨损的一种补偿形式，是以维持设备技术状况为主的保养形式。

1. 保养的内容

三级保养的实施主要以维修人员为主，操作人员参加。其主要内容有以下几点：

① 对设备进行部分解体检查和修理。

② 对各主轴箱、变速传动箱、液压箱、冷却箱进行清洗并换油。

③ 修复或更换易损件。

④ 检查、调整、修复精度，提高校准水平。

三级保养要保证主要精度达到工艺要求，三级保养的周期视设备具体情况而定。一般来说，设备每运转 2 500 h 就要进行一次三级保养，停机时间大约 32 h。

2. 填写相关表单

参与保养的相关人员应认真填写三级保养卡，见表 6-6。

表 6-6　三级保养卡

设备名称		设备编号	
保养方式	1. 自行实施（　　　）；2. 厂外实施（　　　）		
责任部门		责任人	
保养周期			
厂外实施单位			
项　次	保养项目	保养情况记录	保养费用
1			
2			
3			
⋮			

6.2.2　设备点检与润滑

点检与润滑是确保设备正常运行的重要环节，只有做好这两个环节的工作，才能及时发现并解决设备存在的问题，以维持设备的长效运转。

6.2.2.1　确定点检项目

点检就是对机器设备以及场所进行的定期和不定期的检查、加油、维护等工作。

1. 点检的内容

点检的内容主要见表 6-7。

表 6-7　点检的内容

标准	点检类型	内　　容
点检对象（设备）的运行状况	开机前点检	要确认设备是否具备开机的条件
	运行中点检	确认设备运行的状态、参数是否良好
	停机点检	停机后定期对设备进行的检查和维护工作
点检时间	时常点检	由操作人员负责，作为日常维护保养的一项重要内容，结合日常维护保养共同进行
	定期点检	根据不同的设备，确定不同的点检周期，一般分为一周、半个月或一个月等

2. 确定点检项目

确定具体点检项目就是要确定设备在开机前、运行中和停机后需要周期性检查和维护的具体项目。

① 点检项目的确定可以根据设备的有关技术资料、设备技术人员的指导和操作人员的

经验完成。一开始确定的点检项目可能很烦琐，不够精练和准确，但是以后可以逐渐对其进行简化和优化。

② 自主保全的点检项目应注意根据技术能力、维修备件、维修工具等实际情况确定，并且要与专业技术人员进行的专业保全加以区别。在操作人员的能力范围内，要做到尽可能完善自主保全的点检项目，保障设备的日常运行安全可靠。

3. 点检"六定"

（1）定点

企业应根据设备的特性预先设定设备故障点，尤其是潜在的故障点，明确设备的点检部位、项目和内容，便于点检人员有目的、有方向地进行点检作业。

（2）定人

定人即确定由何人实施点检。点检作业的核心是点检人员的点检，这是点检管辖区的固定人员，不轻易变动。企业可以为该区域安排固定的检查人，并以相关标牌标明。

（3）定期

定期即设定点检周期。对于设备的一些部位、项目和内容，均有预先设定的周期，并根据实际进行不断地完善，以确定最适宜的周期。

（4）定标

定标指要制定好点检标准。点检标准是指一个点检项目测量值的允许范围，它是判定一个点检项目是否符合要求的依据，如电机的运行电流范围、液压油的油压范围等。对判定基准不是很清楚时，可以咨询设备制造商，或根据技术人员（专家）的经验值进行假定，以后逐渐提高管理精度。

（5）定法

定法即要明确点检方法，即完成一个点检项目的手段，如目视、电流表测量、温度计测量等。

（6）定记录

企业对点检的结果必须要有相应的记录格式，主要包括各种点检记录表格的制定和填写。这些完整的记录会为以后设备的维修提供各种有价值的原始数据。

6.2.2.2　编制点检表格

点检表格是对设备进行点检作业的原始记录，必须依照格式完整地编制。

1. 点检表格基本内容

点检表格的基本内容包括：点检项目、点检方法、判定基准、点检周期、点检人员、点检实施记录、异常情况记录。

2. 点检表格举例

以表 6-8 ~ 表 6-10 发电机的点检为例说明点检表的编制。

表 6-8　发电机开机前的点检表

序号	点检项目	判断标准	点检人员	结果确认
1	燃油油位	绿色范围		
2	负荷开关	关闭状态		
3	速度转换开关	低速状态		
4	机油油位	标定范围内		
5	冷却水位	标定范围内		
6	风扇皮带	无松动损伤		
7	输油管阀门	开启状态		
8	蓄电池	观察孔呈绿色		
9	机身	无杂物		
满足开机条件后签名、开机				

注：结果确认栏里，正常记"√"，不正常记"×"。

表 6-9　发电机运行点检表

序号	点检项目	正常状况	结果确认
1	油箱油位	绿色范围（200~400 L）	
2	电源指示灯	亮	
3	输出频率	50 Hz	
4	输出电压	380 V	
5	输出电流	绿色范围（0~1 064 A）	
6	输出功率	绿色范围（0~560 kW）	
7	单/并机开关	并机状态	
8	高/低速开关	高速状态	
9	电池开关	开启状态	
10	负荷开关	开启状态	
11	过滤器报警	无	
12	起动钥匙	运行状态	
13	冷却油压	绿色范围（4~7 kg/cm^2）	
14	冷却油温	绿色范围（<100 ℃）	
15	冷却水温	绿色范围（<90 ℃）	
16	充电电流	绿色范围（0~15 mA）	
17	转速表	1 500 r/min	
确认人签名			

注：结果确认栏里，正常记"√"，不正常记"×"。

表 6-10　发电机（房）周期点检表

序号	点检项目	点检方法	判断标准	周期	结果确认
1	机体状态	目视	干净无损伤	次/周	
2	油路和油阀开关	观测试验	灵活无锈蚀	次/周	
3	蓄电池	观测试验	无溢液、电量足	次/周	
4	应急照明灯	观测试验	功能正常	次/周	
5	空气过滤器	清洁或更换	干净无损伤	次/周	
6	燃油泵开关柜	观测清洁	电流电压正常	次/周	
7	机油及过滤器	测试过更换	油位油质正常	次/周	
8	皮带松紧度	测试	松紧正常	次/周	
点检人					
异常记录				确认	

注：结果确认栏中，良好画"○"；要维修画"×"；修理中画"●"。

6.2.2.3　点检的实施过程

设备的点检是为了维持设备所规定的性能，按标准进行点检，因此，企业要有完整的点检实施步骤。

1. 点检前的工作

点检前的工作主要包括制订合理的点检计划、点检培训、点检通道的设置工作等。

（1）制订点检计划

企业在对设备现状进行调查后，要制订相应的点检计划，确定好点检的项目、基准、方法、周期等。

（2）培训点检人员

为了使操作人员能胜任对设备的点检工作，企业要对操作人员进行一定的专业技术知识和设备原理、构造、技能的培训。这项工作可由技术人员负责，并且要尽量采取轻松、活泼的方式进行。

企业可制订培训计划，在计划中明确受培训者、培训者、培训的内容和日程安排，以保障培训工作的实施。

（3）设置点检通道

对于设备较集中的场所，企业应考虑设置点检通道。点检通道的设置可采取在地面画线或设置指路牌的方式，然后再沿点检通道、依据点检作业点的位置设置若干点检作业站。这样，点检者沿点检通道走一圈，便可以高效地完成一个区域内各个站点设备的点检作业。这样做的好处还在于能有效地避免点检工作中的疏忽和遗漏。在设置点检通道时要注意以下内容：

① 点检时行进路径最短。

② 点检项目都能被点检通道中的站点所覆盖。

③ 沿点检通道时，点检者很容易找到点检内各点检作业点的位置。

2. 具体实施

对于日常点检，点检人员按照正常的程序实施点检作业就可以了。对于一些设备的定期点检，点检人员则要在规定的时间点进行，并做好相应的记录。

3. 点检结果的分析

点检人员在点检实施后，要对所有记录，包括点检记录、设备的潜在异常记录、日常点检的信息记录等进行整理和分析，以实施具有针对性的改进措施。在这些分析的基础上，企业可实施改善措施，并提高设备的使用效率。

4. 点检中问题的解决

设备点检中发现的问题不同，解决问题的途径也不同。
① 一般经过简单调整、修正可以解决的，由操作人员自己解决。
② 对于在点检中发现的难度较大的故障隐患，由专业维修人员及时排除。
③ 对于维修工作量较大、暂不影响使用的设备故障隐患，经车间机械员鉴定后，由车间维修组安排好计划予以排除，或上报设备部门协助解决。

5. 设备点检责任明确

企业要明确设备点检时各参与人员的职责，凡是设备有异状，操作人员或维修人员定期点检、专门点检没有检查出的，由操作人员或维修人员负责；已点检出的，应由维修人员维修；没有及时维修的，由维修人员负责。

6.2.2.4 设备的润滑要求

设备润滑能使设备保持良好的运转状态，从而减轻设备磨损及降低故障率，提高设备利用率。

1. 润滑管理部门职责

（1）机动部门的职责
① 负责设备润滑管理工作的组织领导配备专人负责日常业务工作，组织编制设备润滑消耗定额，编制设备润滑管理实施细则并定期检查考核，做到合理节约用油。
② 监督企业润滑油（脂）的选购、储存、保管、发放、使用、质量检验、鉴定和器具的管理工作。
③ 组织操作人员学习润滑知识，组织交流，推广先进润滑技术和润滑管理经验，不断地提高设备润滑管理水平。
④ 协助试验做好润滑油（脂）的质量检验和鉴定工作，对不合格品提出处理意见。

（2）供应部门的职责

① 根据润滑油消耗定额，组织并审查车间申报的用油（脂）计划，并负责润滑油（脂）采购和供应工作。新购进的油（脂）以产品合格证或入库抽查化验单为依据进行验收入库，并做好保管和发放工作。

② 负责润滑器具的采购供应工作。

③ 对库存的润滑油（脂）按规定时间（储存3个月以上）向化验室提出质量化验委托，保管好化验单和有关资料并负责提供油（脂）合格证抄件或质量化验单。对企业甲级、乙级润滑设备应提供优质润滑油。

④ 负责对不合格油（脂）的处理工作。

⑤ 负责企业废油回收、加工处理工作。

（3）检验部门的职责

① 负责企业润滑油（脂）的分析、化验，并签署化验报告（包括油品的质量检验、各单位库存油品的委托分析）。

② 负责油品分析所用设备和材料计划的编制，并按规定报批、采购和使用。

③ 负责油品分析设备检修计划的编制及检修、验收、报废和更新工作。

④ 负责油品全部质量管理工作（包括质量不合格的油品拒付依据的提出，油品标准信息的收集等）。

（4）使用部门的职责

① 制定本部门润滑油（脂）的消耗定额和"五定"指示表（见表6-11），报设备管理部审定、总经理批准后执行。

② 提出本部门年、季、月润滑油（脂）计划，并按规定时间报供应部门。

③ 提出润滑方面的改进措施和起草方案，经设备管理部审查、总经理批准后执行。

④ 定期组织操作人员学习润滑管理知识，提高操作人员的润滑管理水平，并定期或不定期地检查操作人员对润滑管理规定的执行情况。

⑤ 制定本部门废油回收措施，并认真做好废油的回收工作。

表6-11 润滑油消耗量登记表

日期	润滑油名称	数量	单位	使用单位	备注

部门负责人：　　　　　　　　　　　领班：　　　　　　　　　记录人：

（5）操作人员的职责

① 按规定进行润滑，并填写设备润滑卡片（见表6-12），做好记录。

② 妥善保管并认真维护好润滑器具，做到经常检查、定期清洗，并按交接班内容进行交接。

③ 按规定定期补加或更换润滑油（脂）。

表6-12 设备润滑卡片

资产编号		设备名称		型号规格		制造厂			
出厂日期		使用部门		安装地点		操作者			
部位号	1	2	3	4	5	6	7		合计
换油部位									
容量									
清洗换（加）油记录									
部位号	润滑油种类		加油数量/kg	换油数量/kg	换油日期		换油者	备注	
	应用油	代用油			计划	实际			

注：①每次换油必须清洗储油容器。②添油或未按周期换油，应在备注中予以说明。

2. 设备润滑的"五定"与"三过滤"

（1）"五定"

"五定"是润滑工作的重点，主要包括定点、定质、定量、定期和定人，具体的工作见表6-13。

表6-13 "五定"及具体工作内容

序号	五定	具体内容
1	定点	确定每台设备的润滑部位和润滑点，保持其清洁与完好无损，并能定点给油。具体包括： （1）设备的润滑部位和润滑点最好进行标识； （2）参与润滑工作的操作员工、保养员工必须熟悉有关设备的润滑部位和润滑点； （3）润滑加油时，要按润滑点标识的部位和润滑点加换润滑油

序号	五定	具体内容
2	定质	设备的润滑油品必须经检验合格，按规定的润滑油种类进行加油，润滑装置和加油器具要保持清洁。具体包括： （1）必须按照润滑卡片和图表规定的润滑油种类和牌号加换润滑油； （2）加换润滑油的器具必须清洁，不能被污染，以免污染设备内部润滑部位； （3）加油口、加油部位必须清洁，不能有脏污，以免污染物带入设备内部，影响甚至破坏润滑效果
3	定量	在保证良好润滑的基础上，实行日常耗油量定额和定量换油。具体包括： （1）设备油量最好能够可视化，以便于清楚地知道加油量是否合适； （2）日常加油点要按照加油定额数量或显示的数量限度进行加油，不能过多，也不能过少，既要做到保证润滑，又要避免浪费； （3）换油时循环系统要开机运行，确认油位不再下降后补充至油位； （4）做好废油回收退库工作，治理设备漏油现象，防止浪费
4	定期	按照规定的周期加润滑油，对储量大的油，应按规定时间抽样化验，视油质状况确定清洗换油、循环过滤和抽检周期。具体应做到： （1）设备工作之前操作工人必须按润滑卡片的润滑要求检查设备润滑系统，对需要日常加油的润滑点进行注油； （2）设备的加油、换油要按规定时间检查和补充，按润滑卡片的计划加油、换油； （3）对于大型油池，要按规定的检验周期进行取样检验； （4）对于关键设备或关键部位，要按规定的监测周期对油液取样分析
5	定人	按照规定，明确员工对设备日常加油、清洗换油的分工，各司其职，互相监督，并确定取样送检人。具体应做到： （1）当班操作人员对设备润滑系统进行润滑点检，确认润滑系统正常后方能开机； （2）当班操作人员或保养人员负责对设备的加油部位实施加油润滑，对润滑油池的油位进行检查，不足时应及时补充； （3）保养人员对设备油池按计划进行清洗换油；对机器轴承部位的润滑进行定期检查，及时更换润滑脂； （4）维修或保养人员对整个设备润滑系统进行定期检查，对跑、冒、滴、漏问题进行改善

（2）"三过滤"

"三过滤"即润滑油入库过滤、发放过滤和加油过滤，这是为了减少油液中杂质的含量，防止尘屑等杂质随油进入设备而采取的净化措施。

① 入库过滤：油液经运输入库、经泵入油罐储存时，须进行严格过滤。

② 发放过滤：油液发放注入润滑容器时，要经过过滤。

③ 加油过滤：油液加入设备储油部位时，必须要经过过滤。

6.2.3 设备维修管理

1. 设备维修概念

什么是维修（Maintenance）？英国 3811 号标准给"维修"下的定义是："各种技术行动

与相关的管理行动相配合，其目的是使一个物件保持或者恢复达到能履行它所规定功能的状态。"在工业上，需要维护的对象有生产产品的一切设施和系统以及企业向用户提供的各种产品。

做好设备管理工作对提高企业竞争力有重要意义。在生产主体由人力向设备转移的今天，设备管理的好坏对企业的竞争力有重要影响，具体体现在以下几方面：

① 设备管理水平的高低直接影响企业的计划、交货期、生产过程的均衡性等方面的工作。

② 设备管理水平的高低直接关系到企业产品的产量和质量。

③ 设备管理水平的高低直接影响着产品制造成本的高低。

④ 设备管理水平的高低关系到安全生产和环境保护。

⑤ 在工业企业中，设备及其备品备件所占用的资金往往占到企业全部资金的 50% ~ 60%，设备管理水平的高低影响着企业生产资金的合理使用。

设备管理对企业参与市场竞争有如此重要的影响，必须加大力度做好这项工作。

2. 设备维修主要内容

① 依据企业经营目标及生产需要制订设备使用计划。
② 选择、购置、安装调试所需设备。
③ 对投入运行的设备正确、合理地使用。
④ 精心维护保养和及时检查设备，保证设备正常运行。
⑤ 适时改造和更新设备。

3. 设备维修制度

设备维修制度的发展过程可划分为事后修理、预防维修、生产维修、维修预防和设备综合管理五个阶段。

（1）事后修理

事后修理是指设备发生故障后，再进行修理。这种修理法出于事先不知道故障在什么时候发生，缺乏修理前准备，因此设备修理停歇时间较长。此外，因为修理是无计划的，常常打乱生产计划，影响交货期。事后修理是比较原始的设备维修制度。除在小型、不重要设备中采用外，已被其他设备维修制度所代替。

（2）预防维修

第二次世界大战时期，军工生产很急迫，但是设备经常发生故障影响生产。为了加强设备维修，减少设备停工修理时间，出现了设备预防维修的制度。这种制度要求设备维修以预防为主，在设备运用过程中做好维护保养工作，加强日常检查和定期检查，根据零件磨损规律和检查结果，在设备发生故障之前有计划地进行修理。由于加强了日常维护保养工作，延长了设备的有效寿命，而且因修理的计划性，便于做好修理前准备工作，大为缩短了设备修理停歇时间，提高了设备有效利用率。

（3）生产维修

预防维修虽有上述优点，但有时会使维修工作量增多，造成过分保养。为此，1954年又出现了生产维修。生产维修要求以提高企业生产经济效益为目的来组织设备维修。其特点是，根据设备重要性选用维修保养方法，重点设备采用预防维修，对生产影响不大的一般设备采用事后修理。这样，一方面可以集中力量做好重要设备的维修保养工作，同时也可以节省维修费用。

（4）维修预防

人们在设备的维修工作中发现，虽然设备的维护、保养、修理工作的好坏对设备的故障率和有效利用率有很大影响，但是设备本身的质量如何对设备的使用和修理往往有着决定性的作用。设备的先天不足常常是使修理工作难以进行的主要方面。因此，于1960年出现了维修预防的设想。这是指在设备的设计、制造阶段就考虑维修问题，提高设备的可靠性和易修性，以便在以后的使用中，最大限度地减少或确保设备不发生故障，一旦故障发生，也能使维修工作顺利地进行。维修预防是设备维修制度方面的一个重大突破。

（5）综合管理

在设备维修预防的基础上，从行为科学、系统理论的观点出发，于20世纪70年代初，又形成了设备综合管理的概念。设备综合工程学，或叫设备综合管理学，它是对设备实行全面管理的一种重要方式。1970年首创于英国，继而流传于欧洲各国。这是设备管理方面的一次革命。日本在引进、学习的过程中，结合生产维修的实践经验，创造了全面生产维修制度，它是日本式的设备综合管理。

随着计算机技术在企业中的广泛应用。设备维修领域也发生了重大变化，出现了基于状态维修和智能维修等新方法。

基于状态维修是随着可编程逻辑控制器（PLC）的出现而在生产系统上使用的，能够连续地监控设备和加工参数。采用基于状态维修，是把PLC直接连接到一台在线计算机上，实时监控设备的状态，如在标准正常公差范围外发生偏差，将自动发出报警（或修理命令）。这种维护系统安装成本可能很高，但是可以大大提高设备的使用水平。

智能维修又称自维修，包括电子系统自动诊断和模块式置换装置，将把远距离设施或机器的传感器数据连续提供给中央工作站。通过这个工作站，维护专家可以得到专家系统和神经网络的智能支持，以完成决策任务。然后将向远方的现场发布命令，开始维护例行程序，这些程序可能涉及调整报警参数值、起动机器上的试验振动装置、驱动备用系统或子系统。美国联邦航空管理局（FAA）正在开发远距离维护监控系统（RMMS），它是维护自动化未来发展方向的一个范例。在有些例子中，可以用机器人技术进行远距离模块置换。

 ## 任务实施

任务名称1：　数控机床日常点检要点

数控机床使用一段时间后，各元器件将开始磨损或损坏，机床的日常维护和定期维护可延长机器组件的使用寿命和机械零件的磨损周期，以防止意外和恶性事故的发生，保证了工作和生产的稳定高效。数控机床的日常维护保养应严格按机床使用说明书进行，若说明书中未写入此内容，应立即向制造厂索取，并签订补充协议，避免在保修期内，用户不按制造厂的保养规定使用机床，要求免费维修时造成纠纷。表 6-14 给出可参考的数控机床日常维护保养的主要内容。

表 6-14　数控机床日常维护保养内容

序号	检查周期	检查部位	检查要求
1	每天	导轨润滑油箱	检查油量，及时添加润滑油，润滑泵是否定时启动停止
2	每天	主轴润滑恒温油箱	是否正常工作，油量是否充足，温度范围是否合适
3	每天	机床液压系统	油箱油泵有无异常噪声，工作油是否合适，压力表指示是否正常，管路积分接头有无漏油
4	每天	压缩空气气源压力	气动控制系统的压力是否在正常范围内
5	每天	气源自动分水滤气器自动空气干燥器	及时清理分水器中滤出的水分，检查自动空气干燥器是否正常工作
6	每天	气源转换器和增压器油面	油量是否充足、不足时及时补充
7	每天	X、Y、Z 轴导轨面	清除金属屑和脏物、检查导轨面有无划伤和损坏、润滑是否充分
8	每天	液压平衡系统	平衡压力指示是否正常，快速移动时平衡阀工作正常
9	每天	各种防护装置	导轨、机床防护罩是否齐全、防护罩移动是否正常
10	每天	电器柜通风散热装置	各电器柜中散热风扇是否正常工作、风道滤网有无堵塞
11	每周	电器柜过滤器、滤网	过滤网、管网上是否沾附尘土、如有应及时清理
12	不定期	冷却油箱	检查液面高度、及时添加冷却液；冷却液太脏时应及时更换和清洗箱体及过滤期
13	不定期	废液池	及时处理积存的废油，避免溢出
14	不定期	排屑器	经常清理切屑，检查有无卡住等现象
15	半年	检查传动皮带	按机床说明书的要求调整皮带的松紧程度
16	半年	各轴导轨上的镶条压紧轮	按机床说明书的要求调整松紧程度
17	一年	检查或更换直流伺服电机	检查换向器表面、去除毛刺、吹干净碳粉、及时更换磨损过短的碳刷
18	一年	液压油路	清洗溢流阀、液压阀、滤油器、油箱过滤或更换液压油

序号	检查周期	检查部位	检查要求
19	一年	主轴润滑、润滑油箱	清洗过滤器、油箱，更换润滑油
20	一年	润滑油泵、过滤器	清洗润滑油池
21	一年	滚珠丝杆	清洗滚珠丝杆上的润滑脂，添上新的润滑油

按检查周期不同，可将数控机床的保养工作分为日常点检、周检、月检、半年检、年检和不定期检查，其中日常点检是数控机床保养工作中最为频繁的一项，通常由操作人员在每次开机前或使用后进行。日常点检的目的是确保机床在每次使用前都处于良好的工作状态，及时发现并解决小问题，防止问题扩大化。日常点检应该按照机床制造商提供的维护手册进行，以确保检查的全面性和准确性。此外，操作人员应记录每次点检的结果，以便跟踪机床的维护历史和发现潜在的问题。如果在日常点检中发现任何问题，应立即采取措施进行修复，以避免影响生产效率和机床的使用寿命。

数控机床日常点检要点如下：

（1）接通电源前

① 检查切削液、液压油、润滑油的油量是否充足。

② 检查工具、检测仪器等是否已准备好。

③ 切屑槽内的切屑是否已处理干净。

（2）接通电源后

① 检查操作盘上的各指示灯是否正常，各按钮、开关是否处于正确位置。

② CRT 显示屏上是否有任何报警显示，若有问题应及时予以处理。

③ 液压装置的压力表是否指示在所要求的范围内。

④ 各控制箱的冷却风扇是否正常运转。

⑤ 刀具是否正确夹紧在刀夹上，刀夹与回转刀台是否可靠夹紧，刀具是否有磨损。

⑥ 若机床带有导套、夹簧，应确认其调整是否合适。

（3）机床运转后

① 运转中，主轴、滑板处是否有异常噪声。

② 有无与平常不同的异常现象，如声音、温度、裂纹、气味等。

任务名称 2： 编制数控机床日常保养点检表

请大家根据表 6-15 的示例，查阅资料，编制 980TDc 数控车床的点检表。

表6-15 数控机床日常保养点检表

设备名称：　　　　　　　　　　设备编号：　　　　　　　　　　设备型号：

序号	点检内容	点检标准	年　　　　　　　　　　　　　　　月																													备注
			1	2	3	4	5	6	7	8	9	10	11	12	13	14	15	16	17	18	19	20	21	22	23	24	25	26	27	28	29	30	31	
1	机床	检查机床开机、运行动作是否正常，各行程挡铁排列是否正确																																
2	压力表	检查各压力表读数是否正常																																
3	液压系统	检查机床液压油箱液位是否正常；液压油路是否有漏油现象																																
4	机床附件	检查卡盘、尾座，刀台等关键部件动作是否正常																																
5	机床管路	运动油管、线管是否有磨蹭现象																																
6	润滑系统	每班观察两次机床两侧油窗头是否上油，严禁机床头箱无润滑运转 按机床润滑图表给机床各部位加润滑油																																

设备名称： 设备编号： 设备型号：

序号	点检内容	点检标准	年 月																														备注
			1	2	3	4	5	6	7	8	9	10	11	12	13	14	15	16	17	18	19	20	21	22	23	24	25	26	27	28	29	30	31	
7	其它部位	清理床头、尾座、导轨槽等各角落的铁屑；机床外罩的清洁																																
8	传动系统	主轴运转是否有异响，各运动部件是否各运行平稳																																
9	电控系统	操作盘灵活、触屏正常；控制柜内配件无发热烧伤现象，地线螺栓无松动																																

点检方法：目视，听音，手摸，敲击等。

记录符号：正常"√"，不正常"×"，已处理部位"※"

231

铣床污染源治理

很多生产现场都存在污染源，要维持清洁、有序的现场环境，务必从源头上控制或消除污染的产生。污染源的改善是现场"6S"管理的重点，本任务以铣床污染源治理为例，介绍现场"6S"管理的概念及具体措施。

任务描述

铣床在操作中会产生噪音、粉尘和废液等对环境造成污染。应用设备"6S"管理提出污染源治理方法，有效控制和减少这些污染物的不利影响。

相关知识

6.3.1 设备"6S"管理

"6S"是指整理（Seiri）、整顿（Seiton）、清扫（Seiso）、清洁（Seiketsu）、素养（Shitsuke）和安全（Safety），是一种常见的生产及设备管理方法。通过"6S"管理，可以清除设备污迹使其保持干净整洁，明确设备摆放位置，加强设备保养，进而确保设备能够长期正常运转，保证设备和人身安全。

6.3.1.1 设备整理

整理就是将工作场所中的设备清楚地区分为需要与不需要，对于需要的，加以妥善保管；对不需要的，则进行相应的处理。

1. 整理的目的

① 腾出空间，改善和增加作业面积。

在生产现场有时会有一些不用的、报废的设备等滞留，这些东西既占据现场的空间又妨碍现场的生产。因此，必须将这些东西从生产现场整理出来，以便留给作业人员更多的作业空间，以方便操作。

② 消除管理上的混放、混料等差错事故。

在未经整理的工作现场，各类大大小小的设备杂乱无章地堆放在一起，这会给管理上带来不便，很容易造成工作上的差错。

③ 减少磕碰机会，提高产品质量。

现场往往有一些无法使用的设备，如果不及时清理，时间长了会使现场变得凌乱不堪。这些地方通常是管理的死角，也是灰尘的堆场，如果是对无尘要求相当高的企业，将直接影响产品的质量，而通过整理就可以把这一质量影响因素消除。

2. 区分必需设备与非必需设备

在实施整理过程中，对"要"与"不要"必须制定相应的判别基准。

① 真正需要的设备：包括正常的设备，电气装置，车、推车、拖车、堆高机，正常使用的工具等。

② 不要的设备：主要是指不能或不再使用的设备、工具。

3. 处理非必需设备

① 改用。将设备改用于其他项目，或调配至其他需要的部门。

② 修理、修复。对故障设备进行修理、修复，以恢复其使用价值。

③ 折价卖掉。由于销售、生产计划或规格变更，购入的设备用不上，可以考虑与供应商协商退货，或者（以较低的价格）卖掉，回收货款。

④ 废弃处理。对那些实在无法继续发挥其使用价值的设备，必须及时实施废弃处理。处理时要注意不得污染环境。

6.3.1.2 设备整顿

整顿就是将整理后所留下来的需要品或所腾出来的空间作一个整体性的规划，旨在提高设备的使用率。

1. 设备整顿常用方法

（1）全格法

按照设备的形状用线条框起来。如小型空压机、台车、铲车的定位，一般用黄线或白线将其所在区域框起来。

（2）直角法

只定出设备关键角落。如对小型工作台、办公桌的整顿，有时在四角处用油漆画出定位框或用彩色胶带贴出定置框。

2. 设备的整顿要点

① 设备旁必须张贴"设备操作规程""设备操作注意事项"等规章及标识，设备的维修保养也应该做好相关记录。这不但给予员工正确的操作指导，还可给来企业考察的客户留下良好的印象。

② 设备之间的摆放距离不宜太近，近距离摆放虽然可节省空间，却难以清扫和检修，且还会相互影响操作而导致意外发生。如果空间有限，则首先考虑是否整理做得不够彻底，再考虑设备是否有整顿不合理的地方，浪费了空间，多考虑技巧与方法。

③ 把一些容易相互影响操作的设备与一些不易相互影响操作的设备做合理的位置规划与调整。可在设备下面加装滚轮，便于设备推出来清扫和检修。

④ 将一些电子设备的附件，如鼠标等进行形迹定位，方便操作。

3. 工具的整顿

（1）工具等频繁使用物品的整顿

对频繁使用的物品，应重视并遵守使用前能"立即取得"，使用后能"立刻归位"的原则。

① 应充分考虑能否尽量减少作业工具的种类和数量，利用油压、磁性、卡标等代替螺纹紧固件，使用标准件，将螺纹紧固件共通化，以便可以使用同一工具。

例如，平时使用手扭的螺母可改成手扭的手柄，这样就可以减少工具的使用量；或者更改成兼容多种工具使用的螺母，即使主工具出现了故障，也可用另一把工具暂代使用；又或者把螺母统一化，只需一把工具即可作业。

② 将工具放置在作业环节最接近的地方，避免工作人员取用和归位时过多步行和弯腰。

③ 对需要不断地取用、归位的工具，最好用吊挂式或放置在双手展开的最大极限之内。采用插入式或吊挂式"归还原位"，也要尽量使插入距离最短，挂放方便又安全。

④ 要使工具准确归还原位，最好以复印图、颜色、特别记号、嵌入式凹模等方法进行定位。

⑤ 工具最好能够按需要分类管理，如平时使用的锤子、铁钳、扳手等工具，可列入常用工具集中共同使用；个人常用的可以随身携带；对于专用工具，则应独立配套管理。

（2）切削工具类的整顿

切削类工具需重复使用，且搬动时容易发生损坏，在整顿时应格外小心。

① 经常使用的，应由个人保存；不常用的，可以存放于"刀房"等处所，应尽量减少数量，以通用化为佳。先确定必需的最少数量，将多余的收起来集中管理。

② 刀具在存放时要方向一致，以前后方向直放为宜，最好能采用分格保管或波浪板保管，且避免堆压。

③ 一支支或一把把的刀具可利用插孔式的方法，把每支刀具分别插入与其大小相适应的孔内，这样可以对刀锋加以保护，并且节省存放空间，且不会放错位。

④ 对于一片一片的锯片等刀具可按类型、大小、用途分别叠挂起来，并勾画形迹，易于归位。

⑤ 注意防锈，在抽屉或容器底层铺上易吸油类的绒布。

4. 整顿的注意事项

① 在进行整顿前，一定要先关上设备的电源，确保安全第一。

② 设备不能靠得太近，必须留有适合的操作空间。

③ 对于一些难以移动的重型设备，可以考虑在设备底部安装轮子便于移动。

6.3.1.3 设备清扫

将设备内部和外部清扫干净，并保持现场干净整洁，有利于改善员工的心情，保证产品的品质，降低设备故障率。

1. 清扫前的准备

（1）安全教育

企业应对员工做好清扫作业前的安全教育，对可能发生的事故（触电、挂伤碰伤、涤剂腐蚀、坠落硬伤、灼伤等不安全因素）进行预防和警示。

（2）设备常识教育

企业应对员工就设备的老化、故障排除、减少人为劣化因素的方法，如何减少企业损失等进行教育培训，使他们通过学习了解设备基本构造，熟悉设备工作原理，能够对出现尘垢、漏油、漏气、振动、异常等状况的原因进行分析。

（3）技术准备

技术准备是指清扫前编制相关作业指导书、相关表格，明确清扫工具、清扫重点、加油润滑的基本要求、螺丝钉卸除和紧固的方法及具体操作步骤等。其中，要明确清扫重点，可以编制清扫重点检查表。

2. 实施清扫

① 不仅设备本身，其周围环境、附属、辅助设备也要清扫。

② 对容易发生跑、冒、滴、漏部位要重点检查确认，并将漏出的油渍清扫干净。

③ 清扫时油管、气管、空气压缩机等看不到的内部结构要特别小心。

④ 核查并清除注油口周围有无污垢和锈迹。

⑤ 核查并清除表面操作部分有无磨损、污垢和异物。

⑥ 检查操作部分、旋转部分和螺纹紧固件连接部分有无松动与磨损。若有，则通知设备管理部前来处理。

⑦ 每完成一台设备的清扫工作之后，自行检查，确保设备干净整洁。

6.3.1.4　设备清洁

清洁就是对清扫后状态的保持，将前3S（整理、整顿、清扫）实施的做法规范化，并贯彻执行及维持成果。

1. 编制设备的现场工作规范

企业编制设备的现场工作规范能够巩固前3S的成果，将其制度化。

企业在编制现场工作规范时，要组织技术骨干，包括设备部门、车间、维护组、一线生产技术骨干，选择典型设备、生产线、典型管理过程进行攻关，调查研究、摸清规律、进行试验，通过"选人、选点、选项、选时、选标、选班、选路"，制定适合设备现状的设备操作、清扫、点检、保养和润滑规范，确定工作流程，制定科学合理的规范。

如果在保养检查中发现有异常，操作人员自己不能处理时，要通过一定的反馈途径，将保养中发现的故障隐患及时报告到下一环节，直至把异常状况处理完毕为止，并逐步推广到企业的所有设备和管理过程中，最终达到每台设备有规范，各个环节有规范。要使设备工作规范做到文件化和可操作化，最好用视板、图解的方式加以宣传与提示。

2. 5 分钟 3S 活动

企业应积极开展 5 分钟 3S 活动，鼓励员工每天工作结束之后，花 5 分钟时间对自己的工作范围进行整理、整顿、清扫。5 分钟 3S 的必做项目如下：
① 整理工作台面，将材料、工具、文件等放回规定位置。
② 清洗次日要用的换洗品，如抹布、过滤网、搬运箱。
③ 清扫设备，并检查设备的运行状况。
④ 清倒工作垃圾。

6.3.1.5 职业素养

素养活动的目的是使员工时刻牢记"6S"规范，并自觉地贯彻执行不能流于形式。

1. 提高员工素养

除规范设备日常工作外，要做好设备管理工作，企业还应从思想和技术培训上提高人员的素养。

（1）养成良好的工作习惯

良好的工作习惯首先体现在正确的姿势上。同时，要使员工在思想意识上破除"操作人员只管操作，不管维修；维修人员只管维修，不管操作"的习惯。

操作人员要主动打扫设备卫生和参加设备排除故障，把设备的点检、保养、润滑结合起来，实现在清扫的同时，积极对设备进行检查维护以改善设备状况。设备维护修理人员要认真监督、检查、指导使用人员正确使用、维护保养好设备。

（2）人员的技术培训

企业应对设备操作人员进行技术培训，使每个设备操作人员真正达到"三好""四会"。"三好"即管好、用好、修好；"四会"即会使用、会保养、会检查、会排除故障。

2. 考核评估

（1）设备管理工作的量化考核和持续改进

"6S"管理中，实现提高员工技术素养、改善企业工作环境，设备管理的各项工作有效开展，要靠组织管理、规章制度，以及持续有效的检查、评估考核来保证。

企业应将开展"6S"前后产生的效益对比统计出来，并制定各个阶段更高的目标，做到持续改进，让经营者和员工看到变化与效益，从而真正调动全体员工的积极性，变"要我开展'6S'管理"为"我要开展'6S'管理"，避免出现"一紧、二松、三垮台、四重来"的现象。

统计对比应围绕生产率、质量、成本、安全环境、劳动情绪等进行。对设备进行考核统计的指标主要有：规范化作业情况、能源消耗、备件消耗、事故率、故障率、维修费用和设备有关的废品率等。

企业应根据统计数据，以一年为周期，不断制定新的发展目标，实行目标管理。实施过的检查考核体系。同时要确保考核结果同员工的奖惩、激励和晋升相结合。

（2）"6S"的评估

设备"6S"的评估是对"6S"活动的定期总结，有利于发现不足并促进改善。

6.3.1.6 安 全

"6S"管理中的安全包括设备安全和人身安全。设备安全确保设备的正常运行和维护，防止设备故障或事故的发生；人身安全保障员工的健康和生命安全，避免工作场所发生人身伤害。

1. 安全的意义

安全的意义是清除隐患，排除险情，预防事故的发生。

2. 安全的目的

安全的目的如下：
① 保证员工的人身安全。
② 减少经济损失。

3. 安全的作用

安全的作用如下：
① 防止人身伤亡和财产损失。
② 消除和控制危险因素。
③ 避免设施被破坏。
④ 避免环境遭到破坏。
⑤ 让员工放心，更好地投入工作。

4. 安全的要领

① 落实前面 5S 工作。
② 注重安全培训，培养员工基本安全意识。
③ 制定安全奖惩并严格执行。
④ 开展安全自查工作，暴露安全隐患并整改。

5. 安全措施

（1）制定现场安全作业标准
① 通道、区域线、加工品、材料、搬运车等不可超出线外或压线。
② 物品要按要求放置，不能超过限制高度。
③ 易燃、易爆、有毒、有害物品专区放置、专人管理。
④ 不能在灭火器放置处、消火栓、疏散通道、配电箱附近处放置任何物品。

（2）规定员工的着装要求

① 工作服合身，袖口、裤脚系紧，无开线，衣扣扣好。

② 工作服不能沾有油污或被打湿（有着火或触电的危险）。

③ 戴好安全帽，穿好安全鞋，按要求戴工作手套。

④ 使用研磨机、砂轮机时要戴上护目镜进行作业。

⑤ 在产生粉尘的环境工作时，使用保护口罩。

⑥ 发现安全装置或保护用具不良时，应立即向负责人报告，立刻加以处理。

（3）预防火灾的措施

① 遵守严禁烟火的规定。

② 把锯屑、有油污的破布等易燃物放置于指定的地方。

③ 除特定场所外，未经许可均不得动火。

④ 定期检查公司内的配线，并正确使用保险丝。

⑤ 特别注意在工作后对残火、电器开关、乙炔等的处理。

（4）应急措施

① 常备急救用物品并标明放置位置。

② 制定急救联络方法，写明地址、电话。

（5）日常作业管理

① 定期检查机械、定期加油保养。

② 齿轮、输送带等回转部分加防护套后工作。

③ 共同作业时，要有固定的沟通信号。

④ 在机械开动时不与人谈话。

⑤ 停电时务必切断开关。

⑥ 故障待修的机器须明确标示。

⑦ 下班后进行机械的清扫、检查、处理时，一定要放在停止位置上。

⑧ 不可用嘴吹清除砂屑

⑨ 弯腰作业时注意不可弯腰过度。

⑩ 在不使吊着的物品摇晃、回转的状态下加减速度。

⑪ 如果手和工具上沾满油污，一定要完全擦净再进行作业。

⑫ 时刻注意警示标志，以免发生意外。

（6）消防安全管理

① 出口指示灯以部件完整、清洁、会亮为有效。

② 消防器材如有损毁或故障，应立即报请维修部维修。

③ 需报废的消防设施应经行政负责人审核同意后方可报废处理。

④ 使用化学品的车间仓库应准备一定数量的消防砂，消防砂不可用作他用。

⑤ 消防设施的规划配置、安装由行政负责人、安全负责人依相关法规要求确定，并由主管领导批准。

⑥ 由行政负责人制定消防演习计划，并每年举行两次，演习记录用设有日期码的照片进行保存（2 年）。

⑦ 厂区范围内按要求配置消防栓和灭火器（每处 2~5 个，厂房每 80 m^2 一个，库房每

100 m² 一个，设有消防栓的，可相应减少 30%）。灭火器设置位置和高度（宜在挂钩、托架或灭火器箱内，其顶部离地高度小于 1.5 m，底部离地高度大于 0.15 m）应便于取用。

⑧ 消防栓、灭火器、应急灯、指示灯应明确区位，统一编号并附检查卡进行管理，每月由相关负责人保养检查一次，如有任何问题均应立即报告解决，保养检查应有记录（记录保存 1 年）。

⑨ 保养要求：灭火器部件完整、清洁、指针在绿灯区无阻碍为有效；消防栓以部件完整、清洁、无阻碍为有效；应急灯以部件完整、清洁、断电会亮为有效。

6.3.2 生产现场的规划布局

6.3.2.1 工作现场布局原则

工作现场布局规划设计的目标是效率化，即空间利用最优化、物流效率最大化。减少浪费，增加效益。具体来说，布局设计原则有三个。

（1）时间、距离最短原则

这是布局设计最重要的原则。时间、距离最短原则体现在：搬运最少；步行距离最短；中间没有停滞等待；充分利用空间。

（2）物流畅通原则

人员、物料（原材料、半成品、成品、辅料）、机器及工具在工场内的流动是否畅通，直接反映了工场的布局设计及现场管理水平。物流流向应是直线形或圆圈形，无逆向和来回穿插流动；人员、机器、材料、作业方法、环境五个要素处在有效控制之中，作业方便顺畅；通道及作业现场无障碍物；尽量减少工序中间库存点；各工序生产平稳均衡，无过量堆积。

（3）适变性原则

预留足够的空间应对未来至少 1 年的发展；货架、棚、工作台留有改造的余地，以适应不同的生产方式；专用的、特殊的机械设备尽量通用化、统一化；设备应小型化、模块化、通用化；机器设备故障时，有足够的备品保证维修；门、通道的设计考虑新设备的搬运，并有摆放的场所；有足够的灾害防护设施；有通畅的逃生路线。

6.3.2.2 生产现场布局改善

（1）生产现场布局检查

为了减少作业者的疲劳和厌倦情绪，减少不必要的动作浪费，提高综合作业效率。以下现象是工作现场不该存在的。

① 作业台很大，实际使用只需要一小部分，其余部分堆满原材料、半成品及工夹具或始终空置。

② 作业台只有一层，利用了平面空间，未利用立体空间，员工取所需物品浪费时间。

③ 物品存放盒设计不合理。

④ 工作现场放置无关的私人物品。

⑤ 材料、车辆、空箱、卡板摆放无序，影响操作。

（2）生产现场布置原则

① 工具物料定位放置，使作业者形成习惯，减少拿取的寻找时间。

② 运用各种方法使物料自动到达工作者身边。

③ 使用频率高的工具、物料应放在作业者面前或身边。

④ 尽量利用自动回位的方法避免放回时间。

⑤ 工具、物料按最佳次序排列。

⑥ 工作台和座椅的高度要适宜，照明适当，视觉舒适。

⑦ 有噪声、粉尘、污水、高温等的工作点应予以隔离。

 任务实施

任务名称： **铣床污染源治理措施**

铣床在操作过程中会产生噪音、粉尘以及废液等污染物，对环境造成不良影响。为了改善这一状况，可以应用设备"6S"管理提出一系列针对性的改善方法。

（1）噪音污染

铣床设备在操作时会产生噪音，不仅影响工作人员的身心健康，还可能对周围环境造成干扰。以下是几种可以减轻噪音污染的措施：

① 源头控制：首先从声源上进行控制，采用低噪声的工艺和设备代替高噪声的工艺和设备。例如，选择低噪声的铣床型号，或者对现有设备进行改造，以减少噪声的产生。

② 隔声设计：对高噪声设备采取隔声措施，如使用隔声罩或隔声围护结构，以减少噪声的传播。

③ 消声设计：在空气动力机械进气或排气口装设消声器，以降低空气动力性噪声。

④ 吸声设计：在车间内增加吸声材料，如吸声板或吸声帘，以减少混响声，降低室内噪声水平。

⑤ 隔振措施：对产生振动的设备采取隔振措施，如使用隔振垫或隔振器，以减少振动对周围环境的影响。

⑥ 维护和润滑：定期对铣床进行维护和润滑，确保设备运行平稳，减少因设备故障或磨损引起的额外噪声。

⑦ 个人防护：为工作人员提供个人防护装备，如耳塞或耳罩，以保护听力健康。

⑧ 合理布局：在工厂设计时，将高噪声设备与低噪声区域隔离，或将高噪声设备布置在远离办公区和生活区的位置。

（2）粉尘污染

铣床加工过程中，会产生大量的金属粉尘，这些粉尘会造成室内空气的污染，对人体健康产生潜在危害。以下是几种可以减轻粉尘污染的措施：

① 源头控制：通过改进生产工艺和燃烧技术减少颗粒物的产生。例如，选择粒度较小的原材料，减少颗粒碎裂的可能性；合理设计和使用粉尘收集装置，避免粉尘的外溢和扩散；加强卸料和输送过程中灰尘的控制，避免粉尘的扩散。

② 工艺改进：优化生产工艺，使用封闭式生产设备，减少粉尘的溢散；采用全自动化和高效节能设备，降低粉尘产生的可能性。

③ 安装除尘设备：在铣床加工区域安装除尘设备，如中央真空吸尘系统或中央集尘系统，以控制和收集粉尘。这些系统能够多个工位同时进行吸尘清扫作业，减少机床粉尘室内的粉尘污染问题。

④ 粉尘收集与处理：使用生物纳膜抑尘技术、云雾抑尘技术及湿式收尘技术等关键技术进行粉尘收集与处理。例如，生物纳膜抑尘技术通过增加水分子的延展性并具有强电荷吸附性，吸引和团聚小颗粒粉尘，使其聚合成大颗粒状尘粒，自重增加而沉降。

⑤ 粉尘清理制度：制定并严格落实粉尘爆炸危险场所的粉尘清理制度，明确清理范围、清理周期、清理方式和责任人员，并在相关粉尘爆炸危险场所醒目位置张贴。

（3）废液污染

铣床生产过程中产生的液体废弃物如切削液、润滑油等，如果直接排放到环境中，将会给地下水和土壤带来不良影响。因此，需要对液体废弃物进行妥善处理，并采取合适的废物处理设施，保护生态环境。

以下是几种可以减轻废液污染的措施：

① 提高铣床切削液的循环利用率：通过回收、净化、再利用切削液，减少浪费，增加利用率，降低污染。

② 使用切削液净化装置：包括沉淀、分离装置和介质过滤装置，以清除杂质和浮油，保证冷却液循环使用的质量。

③ 废液收集装置的创新：开发新型的废液收集装置，如单面铣床的废液收集装置，以提高收集效率和方便性。

应用设备"6S"管理提出污染源治理方法，可以提升作业环境的安全性与清洁度，保证员工的健康，提高工作效率，同时符合可持续发展的环保理念，为企业的绿色生产奠定坚实基础。

思考与练习

1. "6S"管理包括哪些内容？

2. 查阅资料，做一张关于"6S"评估的表格。

3. 根据"6S"管理中"整理"的要求，列一张表格，对实训室物品进行整理。

4. 设备管理流程中，哪个环节最能体现"预防为主，安全第一"的理念？为什么？

5. 铣床污染源治理在设备管理中的意义是什么？请结合"绿色发展，生态优先"的理念，提出一项针对铣床污染源治理的创新措施。

6. 分析一个因设备管理不善导致生产事故发生的案例，并讨论该案例中设备管理方式存在的不足之处。结合"责任与担当"理念，提出改进设备管理、预防类似事故再次发生的建议。

参考文献

[1] 王宁，傅春燕. 设备维修技术[M]. 成都：西南交通大学出版社，2019.

[2] 赵亚英，张志军. 机械设备维修技术[M]. 北京：机械工业出版社，2022.

[3] 吴先文. 机械设备维修技术[M]. 4 版. 北京：人民邮电出版社，2019.

[4] 张翠凤. 机电设备诊断与维修技术[M]. 3 版. 北京：机械工业出版社，2016.

[5] 赵建英. 机械设备维修技术[M]. 北京：北京交通大学出版社，2021.

[6] 陈冠国. 机械设备维修[M]. 2 版. 北京：机械工业出版社，2022.

[7] 杨兰. 设备机械维修技术[M]. 北京：机械工业出版社，2016.

[8] 汪永华，贾芸. 机电设备故障诊断与维修[M]. 2 版. 北京：机械工业出版社，2023.

[9] 王亮. 机电设备维修与维护[M]. 2 版. 北京：北京邮电大学出版社，2023.

[10] 罗红. 机电设备装配与维修[M]. 北京：机械工业出版社，2017.

[11] 吴拓. 典型机械设备故障诊断与维修[M]. 北京：化学工业出版社，2017.

[12] 李淑芳. 机械装配与维修技术[M]. 北京：机械工业出版社，2021.

[13] 武维承，王叶青. 机械维修与安装[M]. 徐州：中国矿业大学出版社，2012.

[14] 王伟平. 机械设备维护与保养[M]. 北京：北京理工大学出版社，2010.

[15] 许安，崔崇学. 工程机械维修[M]. 2 版. 北京：人民交通出版社，2015.

[16] 刘朝红. 工程机械维修[M]. 北京：机械工业出版社，2017.